Inhalt

Vorwort & Hinweise

Wikipedia definiert das Labyrinth als „ein System von Linien oder Wegen, das durch zahlreiche Richtungsänderungen ein Verfolgen oder Abschreiten des Musters zu einem Rätsel macht.“

Kinder lieben Rätsel ... das vorliegende mathematische Labyrinth verfolgt genau diesen Weg. Es sorgt für strahlende Kinderaugen, wenn das Rätsel gelöst ist und übt gleichzeitig das nicht unbedingt von allen geliebte Kopfrechnen mit einer ungewöhnlichen Methode.

Multiplikationsaufgaben im Zahlenraum 2-20 und 25 sind auf jeweils 2 Labyrinth-Karten pro Seite zusammengestellt und lassen viele Wege zu. Aber nur eine Lösung ist richtig und weist den richtigen Weg durchs Labyrinth. Die Buchstaben, die den Weg begleiten, ergeben das Lösungswort.

Ziele der Labyrinthübungen sind

- Förderung des mathematischen Grundwissens
- Üben des kleinen und großen Einmaleins
- Konzentration
- Ausdauer
- Entwicklung einer Lösungskompetenz

Einsatzmöglichkeiten bieten die Vorlagen neben der Unterstützung des eigenen Unterrichts in Vertretungsstunden, in der Freiarbeit ... und ideale Ergänzungen für den schnellen Lerner.

Die Kopiervorlagen lassen sich vergrößern, ebenso die Lösungskarten. Sie eignen sich auch hervorragend für eine Freiarbeitskartei und lassen sich im laminierten Zustand auch als Material zur Selbstlernzeit einsetzen.

Viel Erfolg beim Einsatz dieser Vorlagen wünschen Ihnen das Kohl-Verlagsteam und

Moritz Quast & Tim Schrödel

3.-6. Schuljahr

M. Quast & T. Schrödel

Das Einmaleins Mathe-Labyrinth

Spannendes Knobeln für Schlaumeier

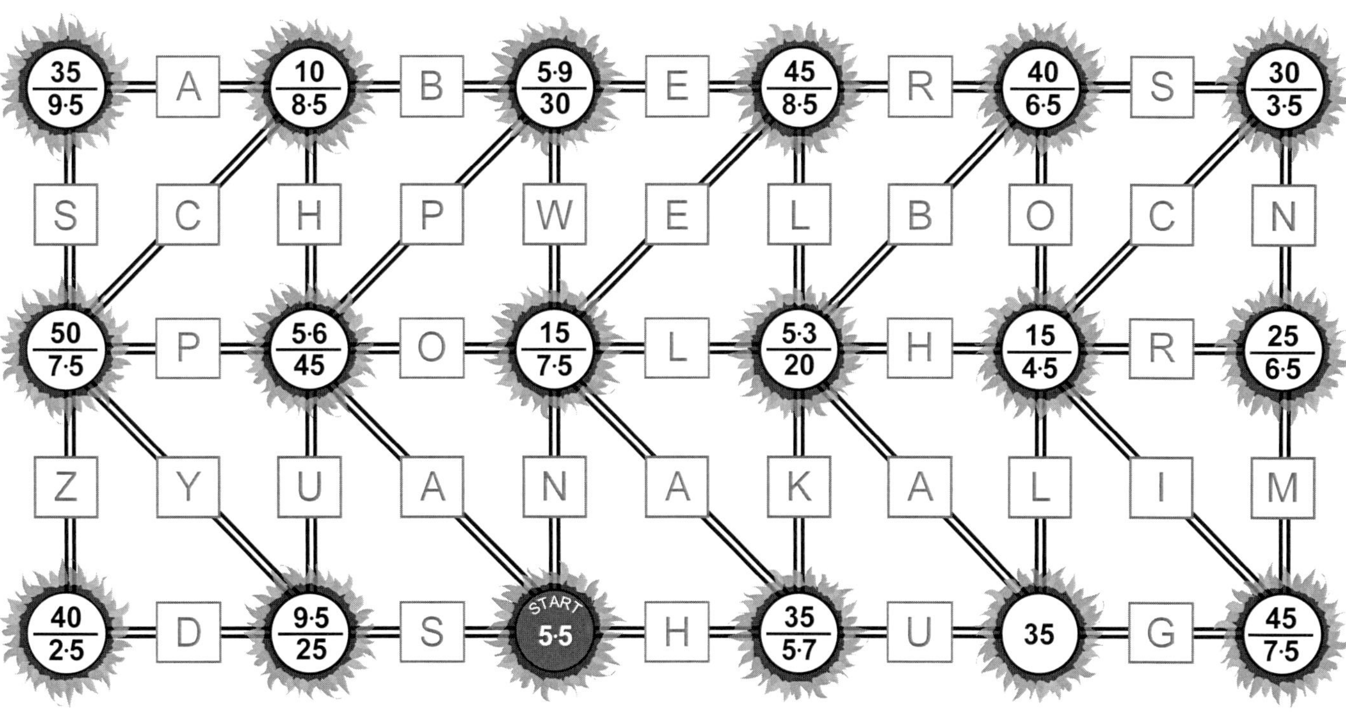

LÖSUNG:

Für Freiarbeit, Schule & Zuhause

www.kohlverlag.de

Das Einmaleins-Mathe-Labyrinth

5. Auflage 2024

Inhalt: Moritz Quast & Tim Schrödel
Konzept und Redaktion: Kohl-Verlag
Grafik & Satz: Kohl-Verlag
Druck: farbo prepress GmbH, Köln

Bestell-Nr. 11 325

ISBN: 978-3-86632-611-8

Unsere Lizenzmodelle

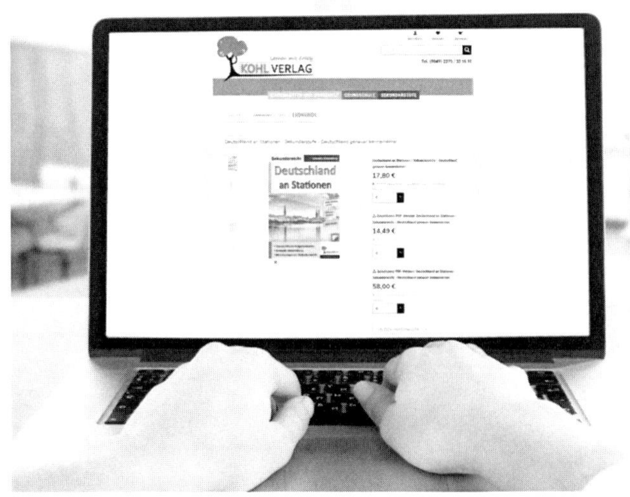

Der vorliegende Band ist eine Print-Einzellizenz

Sie wollen unsere Kopiervorlagen auch digital nutzen? Kein Problem – fast das gesamte KOHL-Sortiment ist auch sofort als PDF-Download erhältlich! Wir haben verschiedene Lizenzmodelle zur Auswahl:

	Print-Version	PDF-Einzellizenz	PDF-Schullizenz	Kombipaket Print & PDF-Einzellizenz	Kombipaket Print & PDF-Schullizenz
Unbefristete Nutzung der Materialien	x	x	x	x	x
Vervielfältigung, Weitergabe und Einsatz der Materialien im eigenen Unterricht	x	x	x	x	x
Nutzung der Materialien durch alle Lehrkräfte des Kollegiums an der lizensierten Schule			x		x
Einstellen des Materials im Intranet oder Schulserver der Institution			x		x

Die erweiterten Lizenzmodelle zu diesem Titel sind jederzeit im Online-Shop unter www.kohlverlag.de erhältlich.

1x1 Labyrinth der 2

Wer findet den Weg durch das Labyrinth? Folge den Zahlen der 2er Reihe.

Die Buchstaben auf dem richtigen Weg ergeben ein Lösungswort, das du unten eintragen kannst.

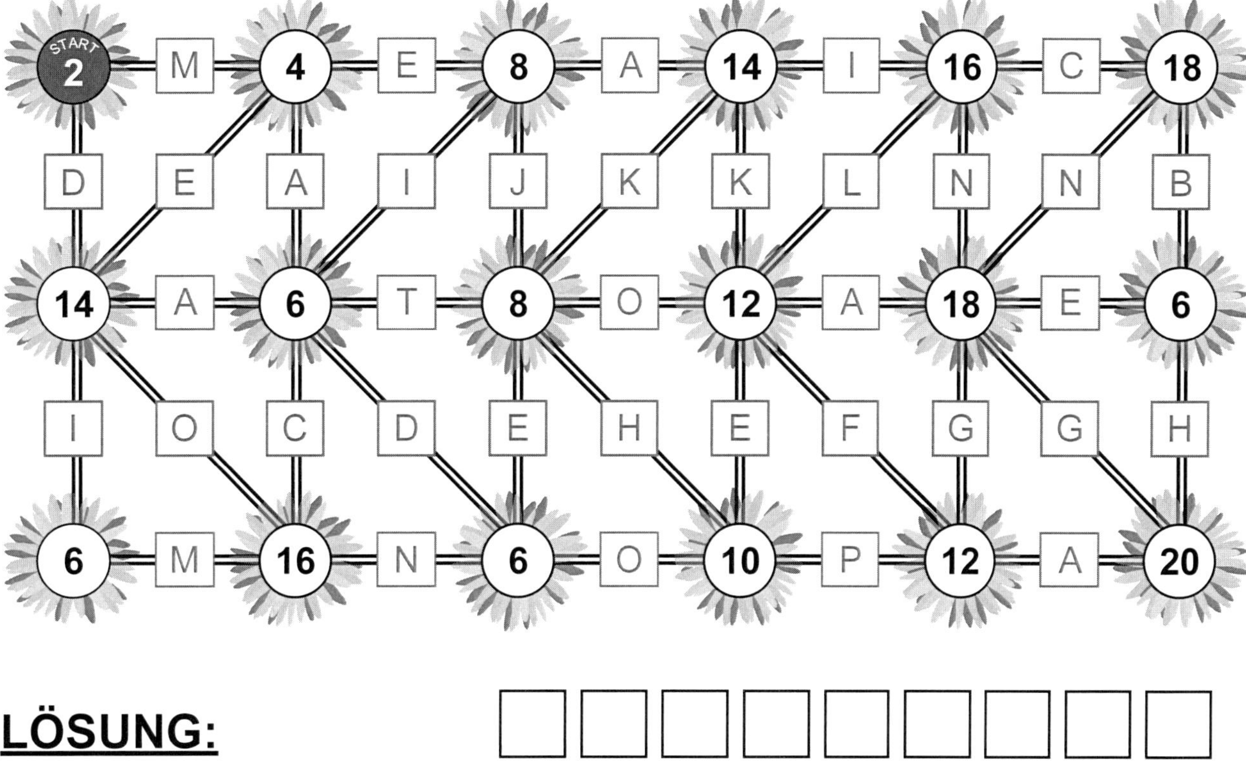

LÖSUNG:

Das Einmaleins-Mathe-Labyrinth
Spannende Knobelaufgaben für Schlaumeier – Bestell-Nr. 11 325
KOHL VERLAG

1x1 Labyrinth der 3

Wer findet den Weg durch das Labyrinth? Folge den Zahlen der 3er Reihe.

Die Buchstaben auf dem richtigen Weg ergeben ein Lösungswort, das du unten eintragen kannst.

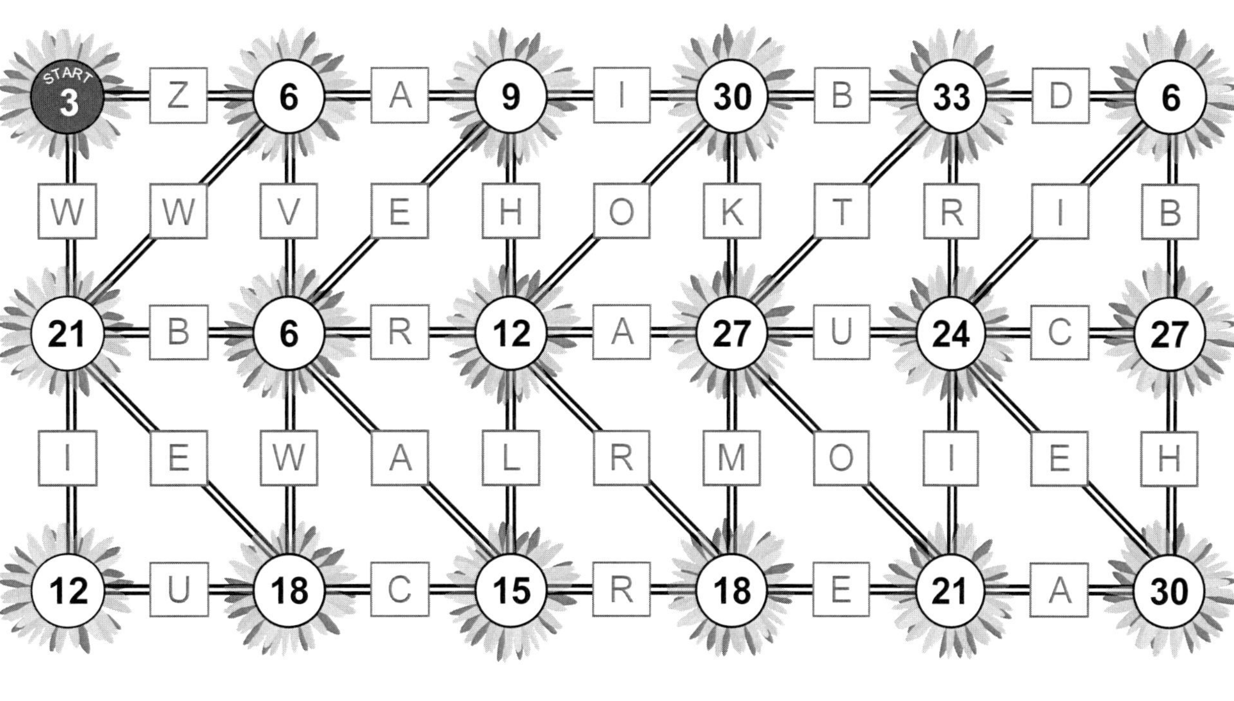

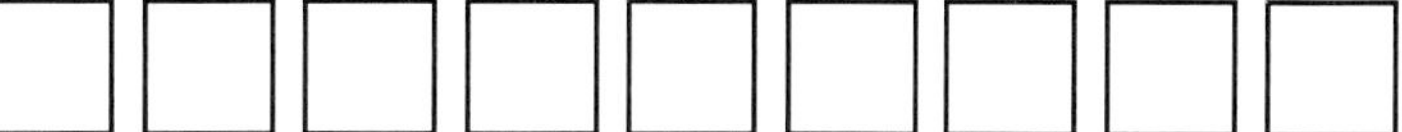

Das Einmaleins-Mathe-Labyrinth
Spannende Knobelaufgaben für Schlaumeier – Bestell-Nr. 11 325
KOHL VERLAG

1x1 Labyrinth der 4

Wer findet den Weg durch das Labyrinth? Folge den Zahlen der 4er Reihe.

Die Buchstaben auf dem richtigen Weg ergeben ein Lösungswort, das du unten eintragen kannst.

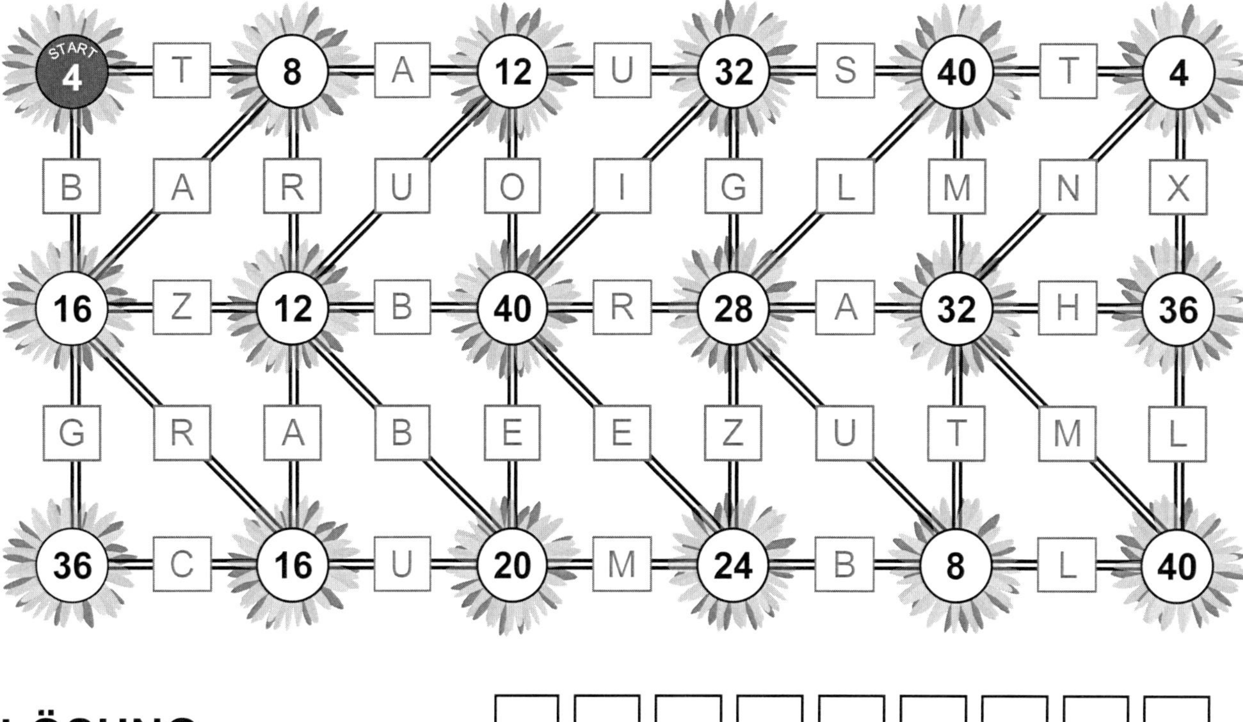

LÖSUNG:

1x1 Labyrinth der 5

Wer findet den Weg durch das Labyrinth? Folge den Zahlen der 5er Reihe.

Die Buchstaben auf dem richtigen Weg ergeben ein Lösungswort, das du unten eintragen kannst.

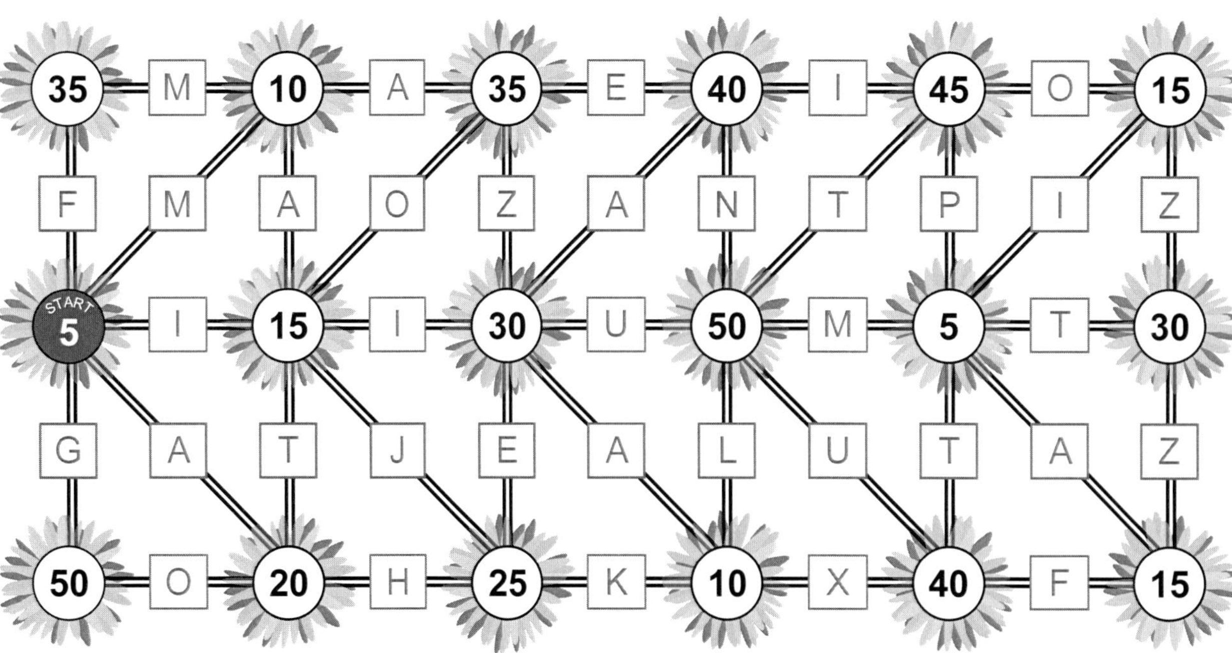

LÖSUNG:

1x1 Labyrinth der 6

Wer findet den Weg durch das Labyrinth? Folge den Zahlen der 6er Reihe.

Die Buchstaben auf dem richtigen Weg ergeben ein Lösungswort, das du unten eintragen kannst.

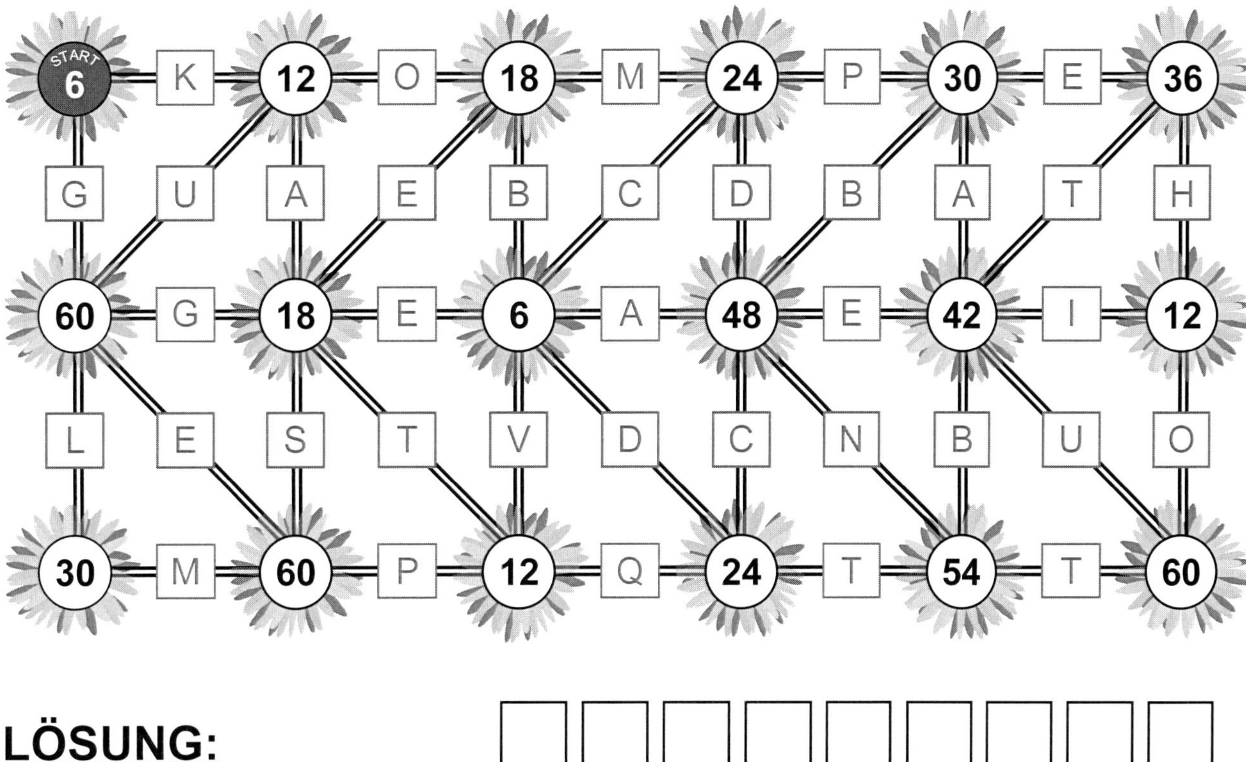

LÖSUNG:

KOHL VERLAG
Das Einmaleins-Mathe-Labyrinth
Spannende Knobelaufgaben für Schlaumeier – Bestell-Nr. 11 325

1x1 Labyrinth der 7

Wer findet den Weg durch das Labyrinth? Folge den Zahlen der 7er Reihe.

Die Buchstaben auf dem richtigen Weg ergeben ein Lösungswort, das du unten eintragen kannst.

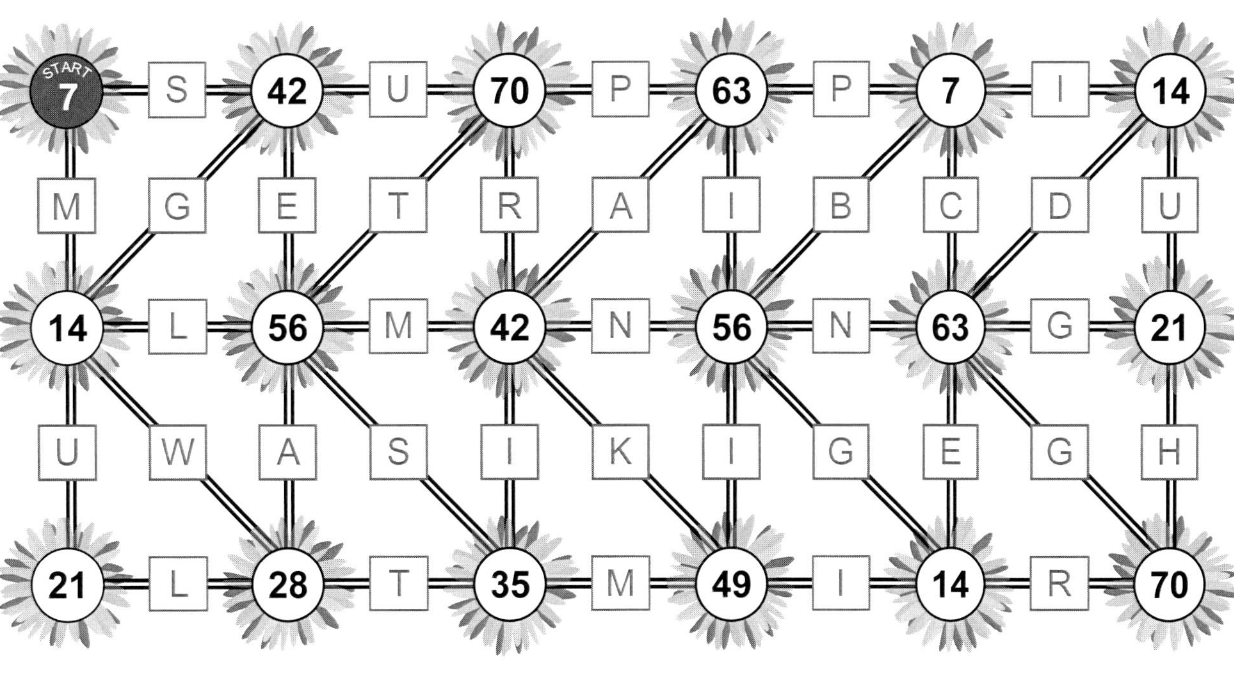

KOHL VERLAG
Das Einmaleins-Mathe-Labyrinth
Spannende Knobelaufgaben für Schlaumeier – Bestell-Nr. 11 325

1x1 Labyrinth der 8

Wer findet den Weg durch das Labyrinth? Folge den Zahlen der 8er Reihe.

Die Buchstaben auf dem richtigen Weg ergeben ein Lösungswort, das du unten eintragen kannst.

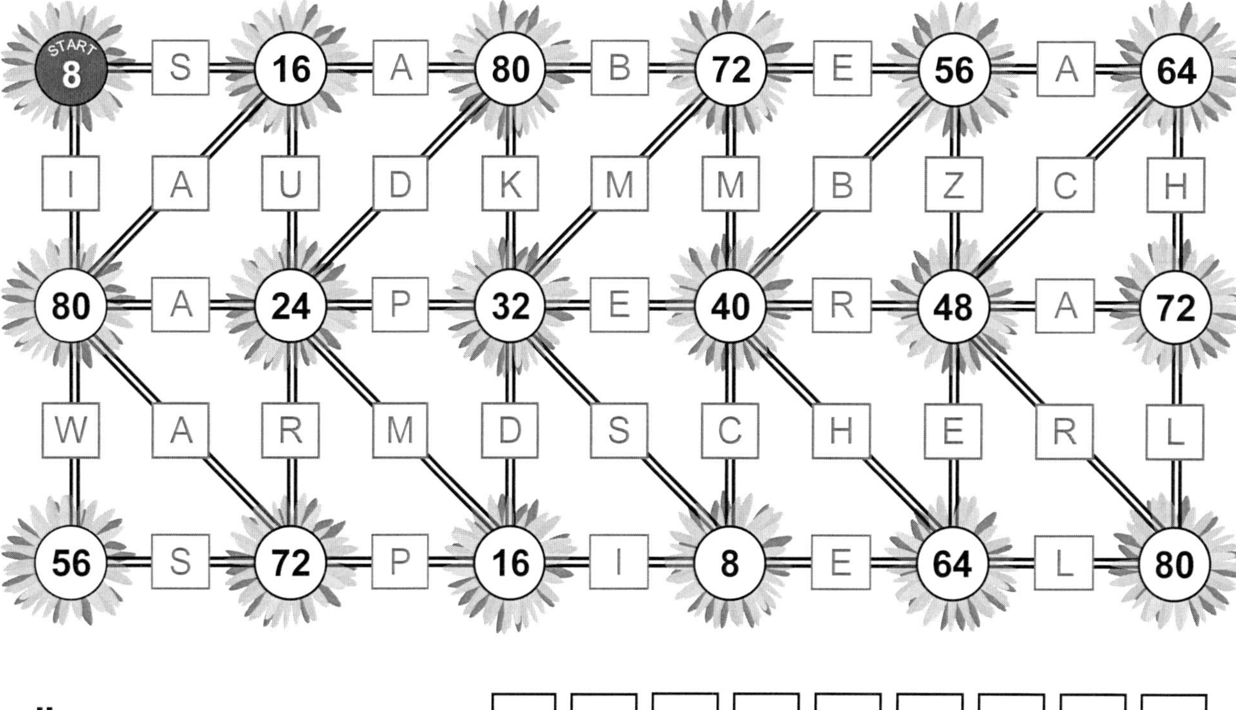

LÖSUNG:

1x1 Labyrinth der 9

Wer findet den Weg durch das Labyrinth? Folge den Zahlen der 9er Reihe.

Die Buchstaben auf dem richtigen Weg ergeben ein Lösungswort, das du unten eintragen kannst.

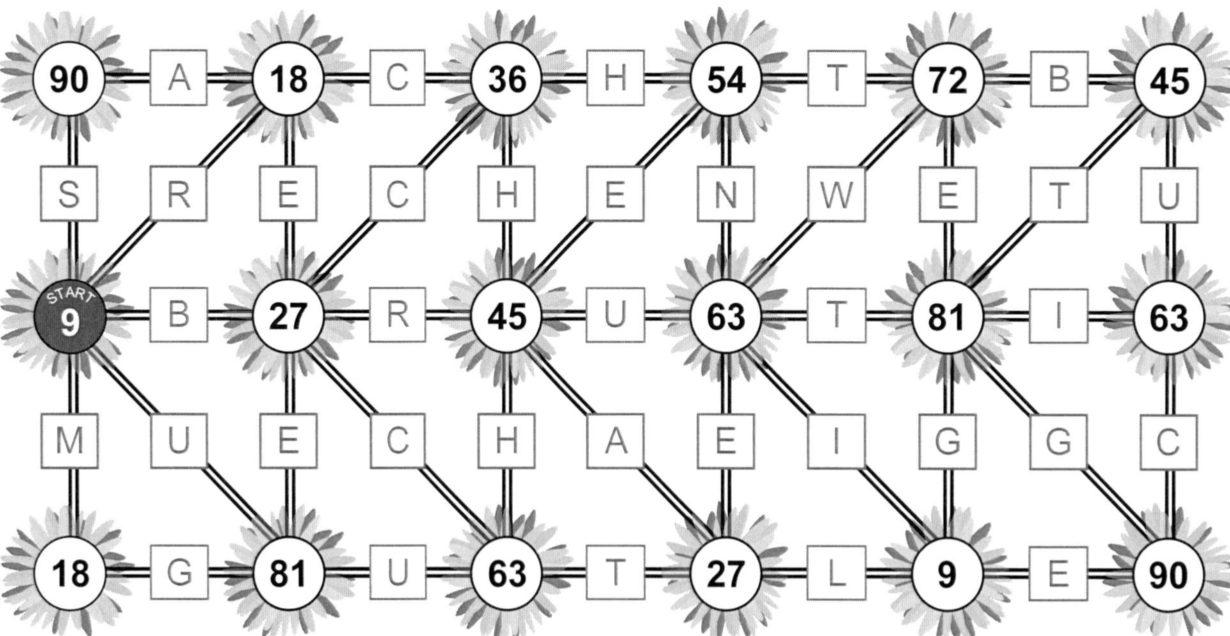

LÖSUNG:

Das Einmaleins-Mathe-Labyrinth – Spannende Knobelaufgaben für Schlaumeier ■ Bestell-Nr. 11 325
KOHL VERLAG

1x1 Labyrinth der 10

Wer findet den Weg durch das Labyrinth? Folge den Zahlen der 10er Reihe.

Die Buchstaben auf dem richtigen Weg ergeben ein Lösungswort, das du unten eintragen kannst.

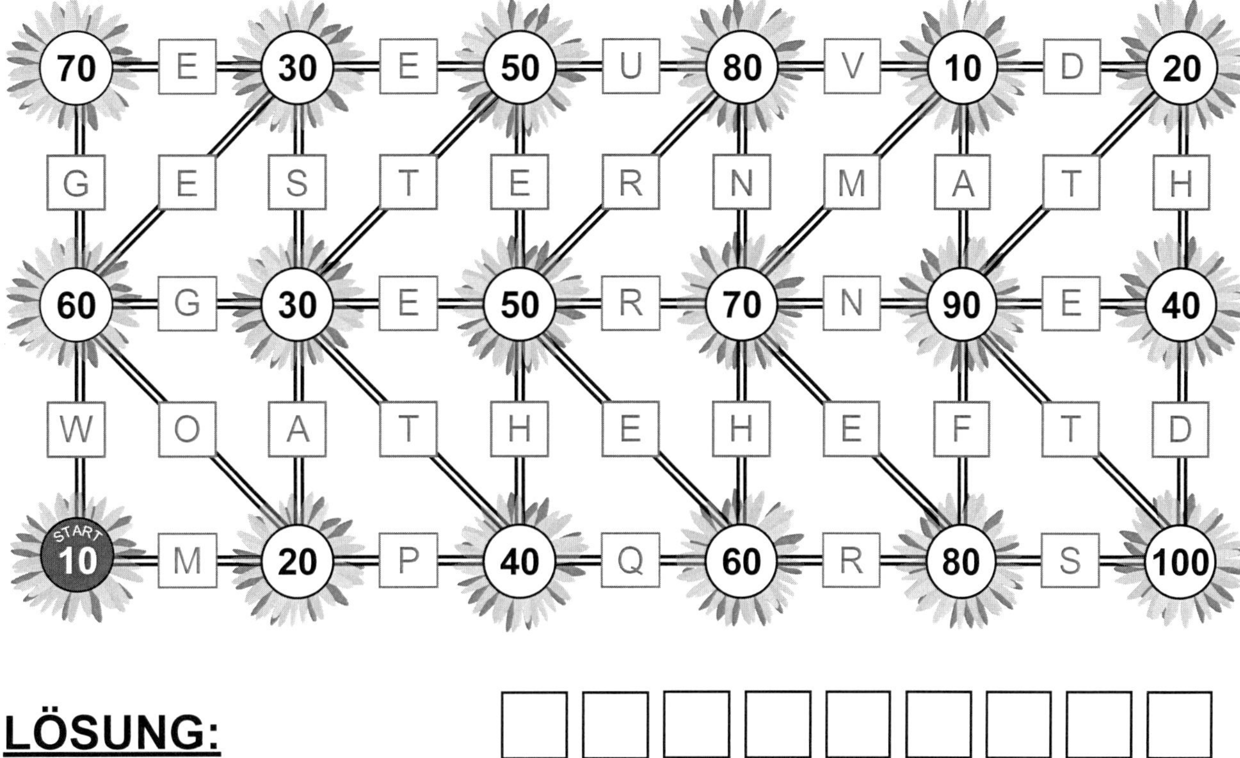

LÖSUNG:

Das Einmaleins-Mathe-Labyrinth
Spannende Knobelaufgaben für Schlaumeier – Bestell-Nr. 11 325
KOHL VERLAG

1x1 Labyrinth der 11

Wer findet den Weg durch das Labyrinth? Folge den Zahlen der 11er Reihe.

Die Buchstaben auf dem richtigen Weg ergeben ein Lösungswort, das du unten eintragen kannst.

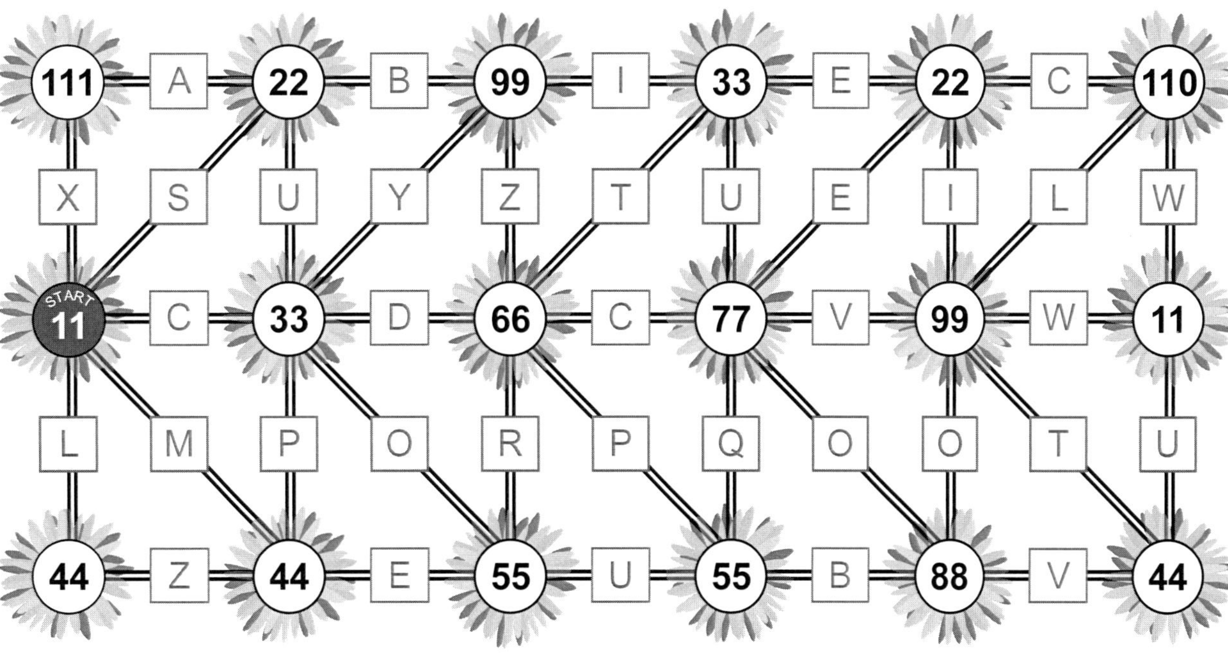

LÖSUNG:

Das Einmaleins-Mathe-Labyrinth
Spannende Knobelaufgaben für Schlaumeier – Bestell-Nr. 11 325
KOHL VERLAG

1x1 Labyrinth der 12

Wer findet den Weg durch das Labyrinth? Folge den Zahlen der 12er Reihe.

Die Buchstaben auf dem richtigen Weg ergeben ein Lösungswort, das du unten eintragen kannst.

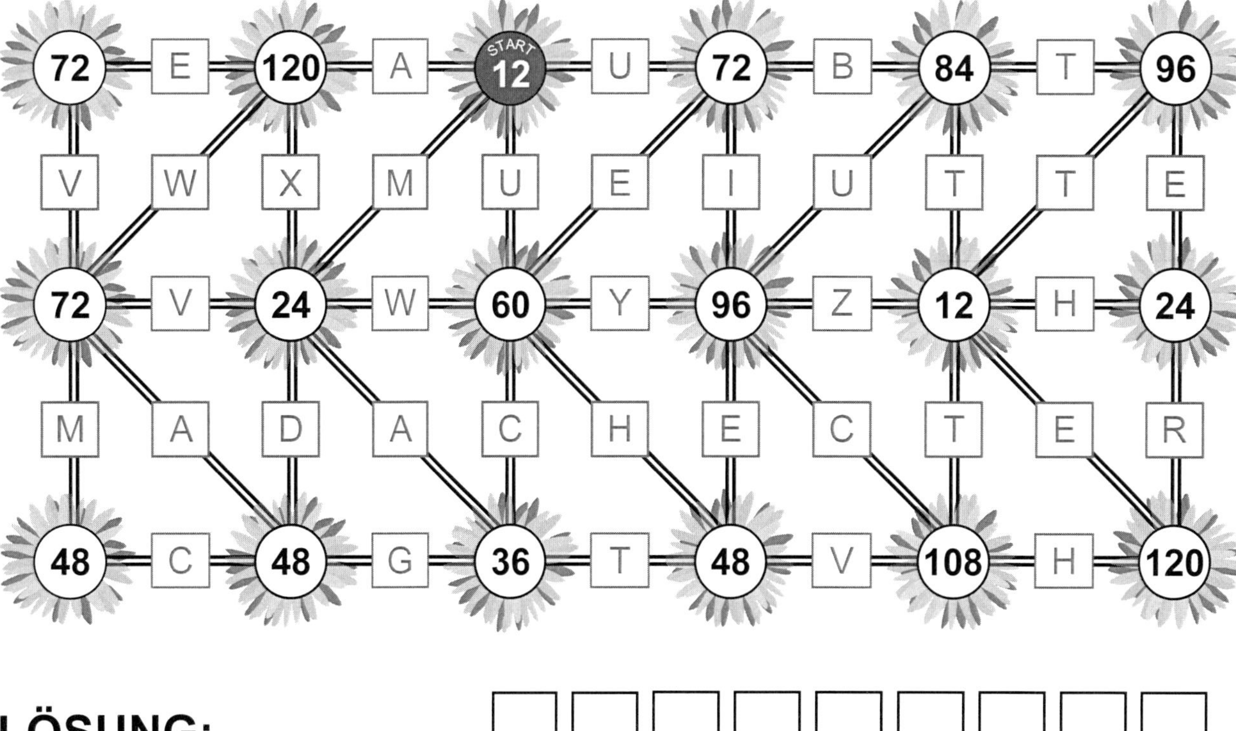

LÖSUNG:

....

1x1 Labyrinth der 13

Wer findet den Weg durch das Labyrinth? Folge den Zahlen der 13er Reihe.

Die Buchstaben auf dem richtigen Weg ergeben ein Lösungswort, das du unten eintragen kannst.

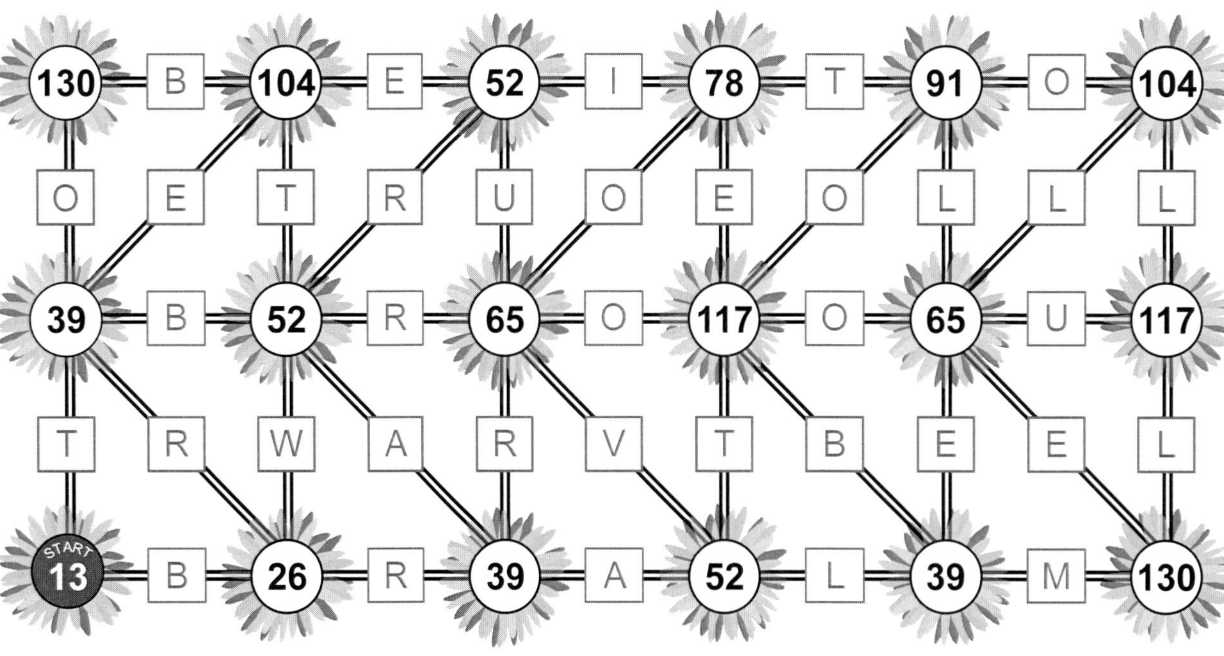

LÖSUNG:

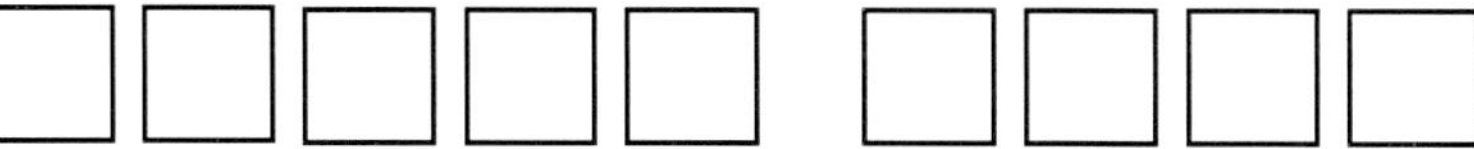

1x1 Labyrinth der 14

Wer findet den Weg durch das Labyrinth? Folge den Zahlen der 14er Reihe.

Die Buchstaben auf dem richtigen Weg ergeben ein Lösungswort, das du unten eintragen kannst.

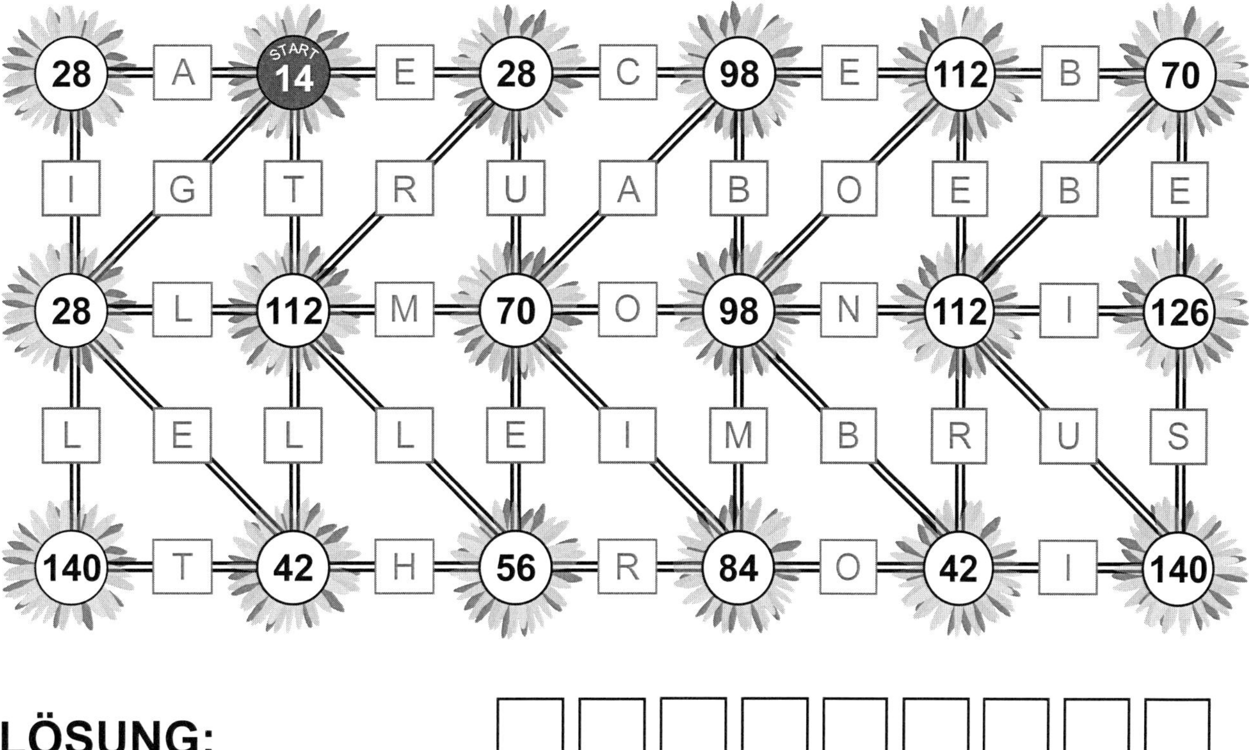

LÖSUNG:

Das Einmaleins-Mathe-Labyrinth
Spannende Knobelaufgaben für Schlaumeier – Bestell-Nr. 11 325
KOHL VERLAG

1x1 Labyrinth der 15

Wer findet den Weg durch das Labyrinth? Folge den Zahlen der 15er Reihe.

Die Buchstaben auf dem richtigen Weg ergeben ein Lösungswort, das du unten eintragen kannst.

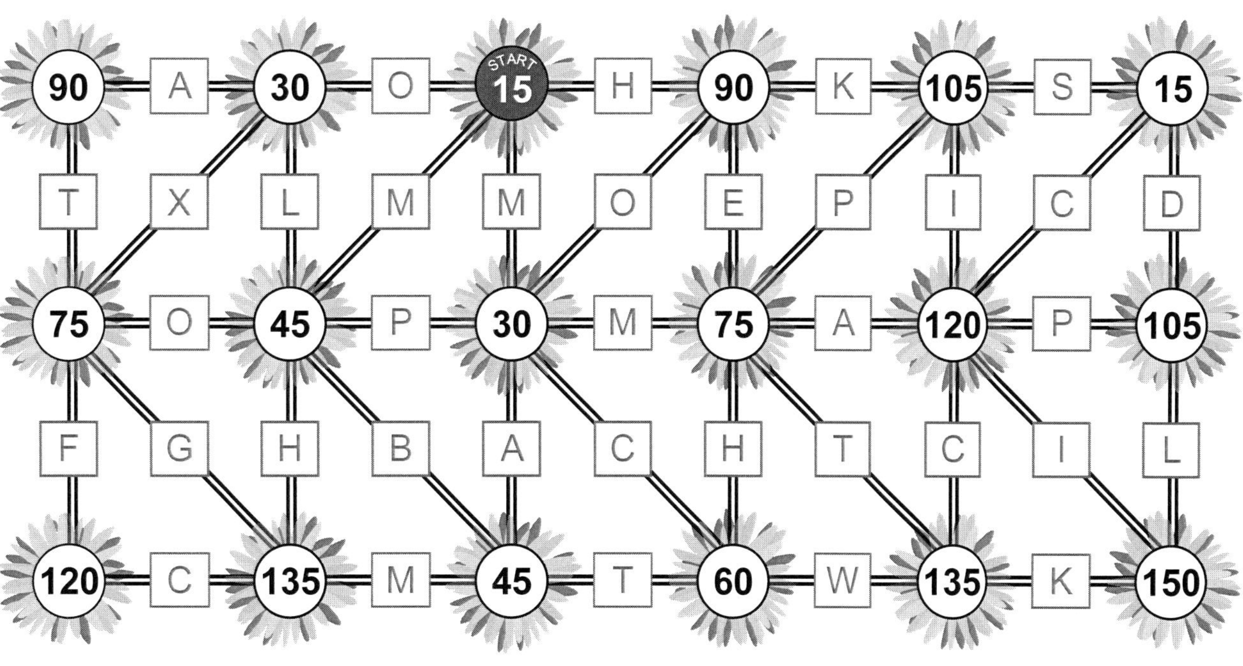

LÖSUNG:

Das Einmaleins-Mathe-Labyrinth
Spannende Knobelaufgaben für Schlaumeier – Bestell-Nr. 11 325
KOHL VERLAG

1x1 Labyrinth der 16

Wer findet den Weg durch das Labyrinth? Folge den Zahlen der 16er Reihe.

Die Buchstaben auf dem richtigen Weg ergeben ein Lösungswort, das du unten eintragen kannst.

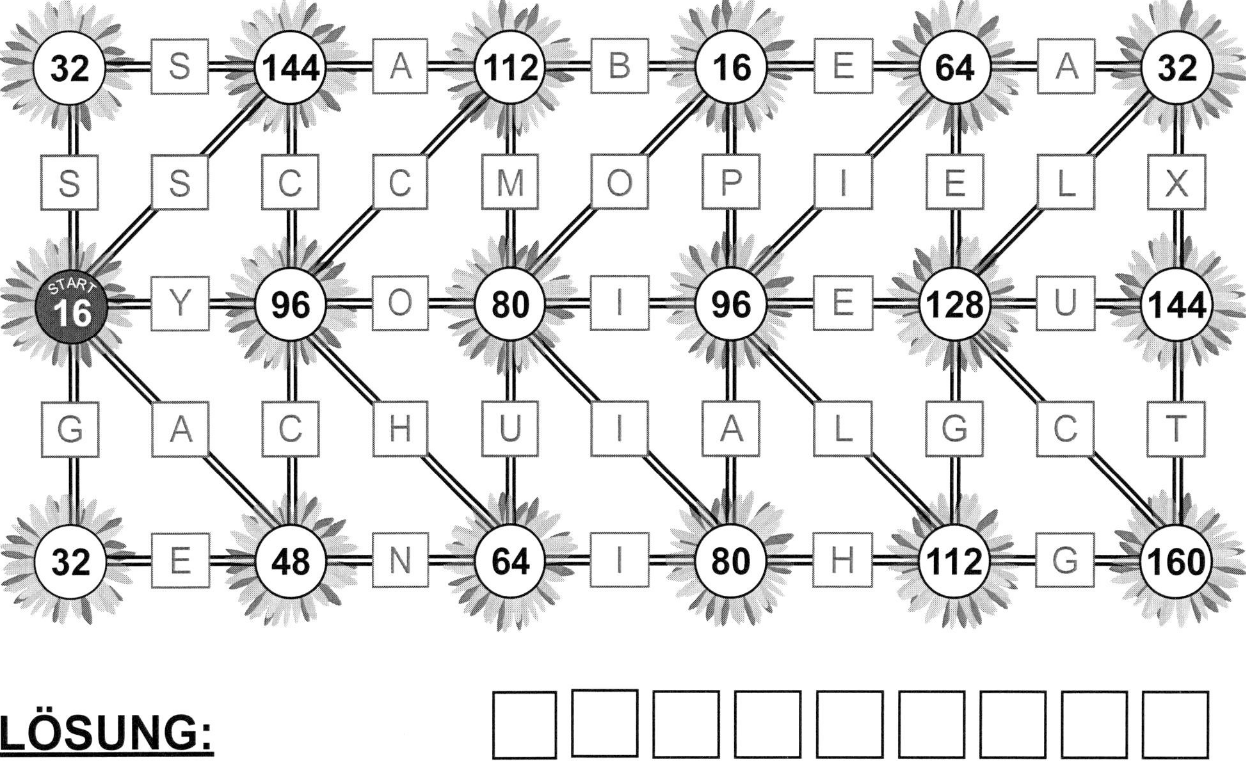

LÖSUNG:

1x1 Labyrinth der 17

Wer findet den Weg durch das Labyrinth? Folge den Zahlen der 17er Reihe.

Die Buchstaben auf dem richtigen Weg ergeben ein Lösungswort, das du unten eintragen kannst.

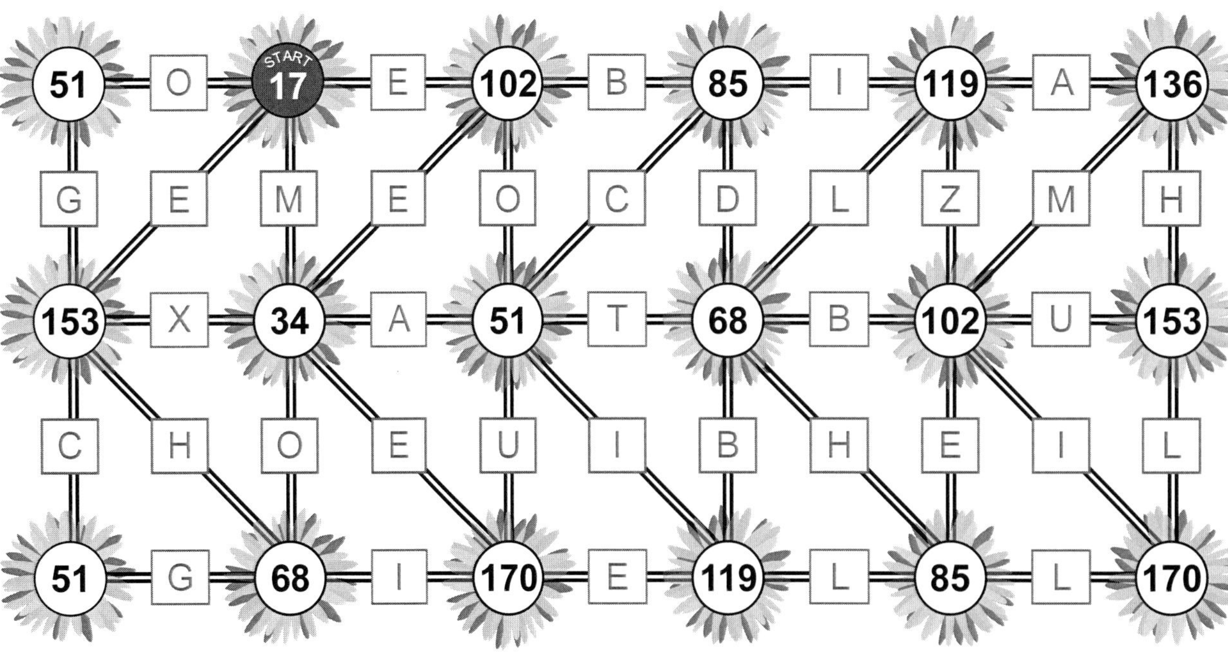

LÖSUNG:

1x1 Labyrinth der 18

Wer findet den Weg durch das Labyrinth? Folge den Zahlen der 18er Reihe.

Die Buchstaben auf dem richtigen Weg ergeben ein Lösungswort, das du unten eintragen kannst.

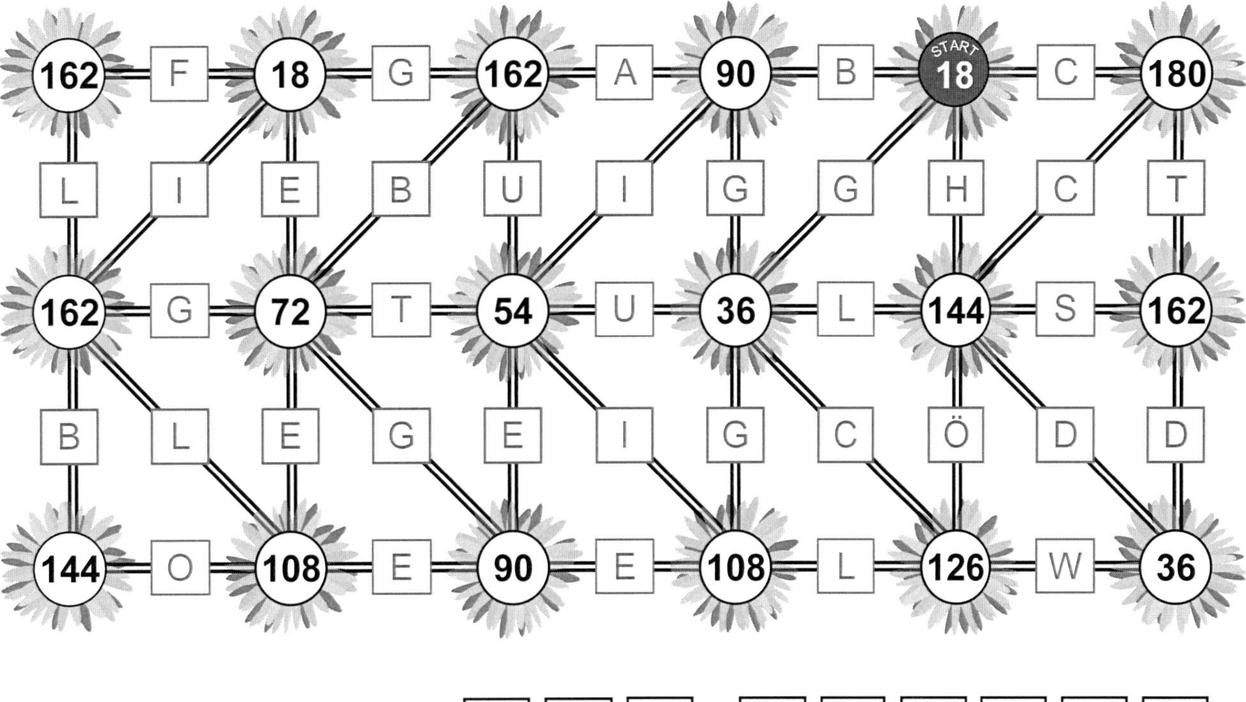

LÖSUNG:

Das Einmaleins-Mathe-Labyrinth
Spannende Knobelaufgaben für Schlaumeier – Bestell-Nr. 11 325
KOHL VERLAG

1x1 Labyrinth der 19

Wer findet den Weg durch das Labyrinth? Folge den Zahlen der 19er Reihe.

Die Buchstaben auf dem richtigen Weg ergeben ein Lösungswort, das du unten eintragen kannst.

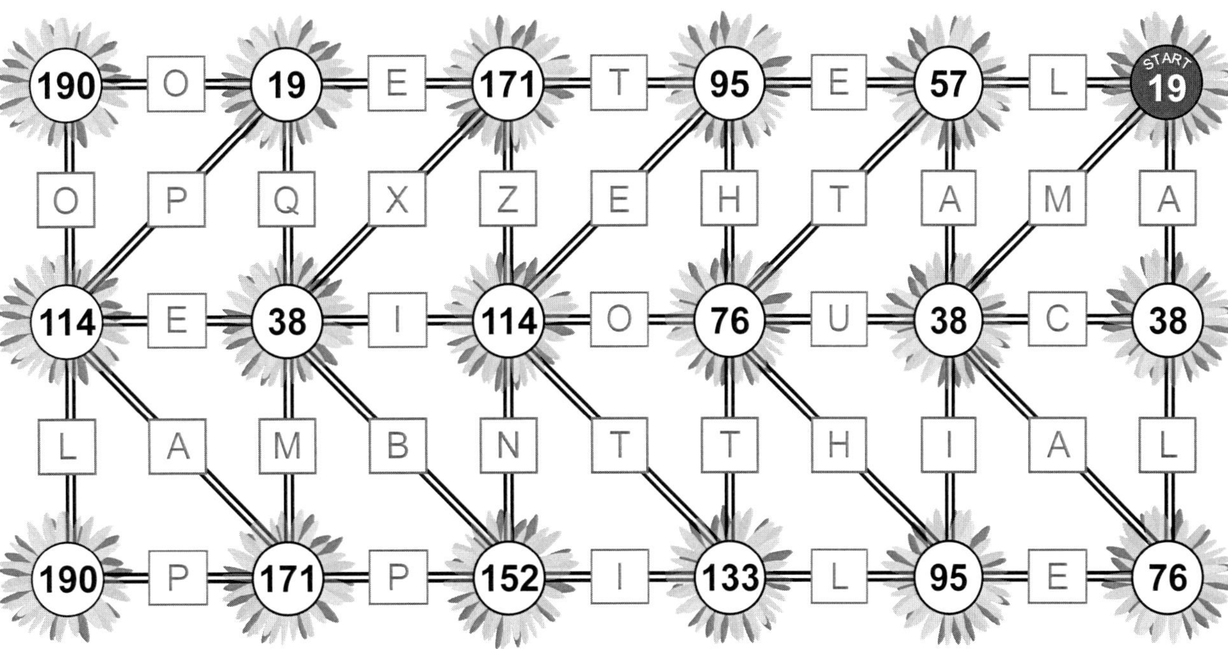

LÖSUNG:

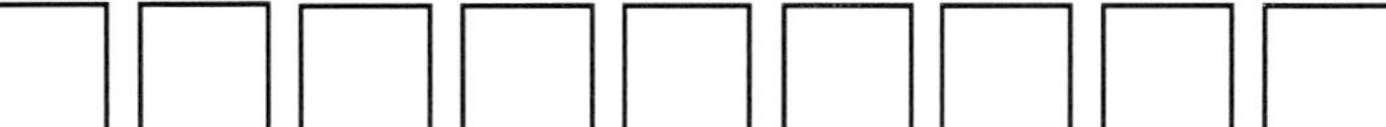

Das Einmaleins-Mathe-Labyrinth
Spannende Knobelaufgaben für Schlaumeier – Bestell-Nr. 11 325
KOHL VERLAG

1x1 Labyrinth der 20

Wer findet den Weg durch das Labyrinth? Folge den Zahlen der 20er Reihe.

Die Buchstaben auf dem richtigen Weg ergeben ein Lösungswort, das du unten eintragen kannst.

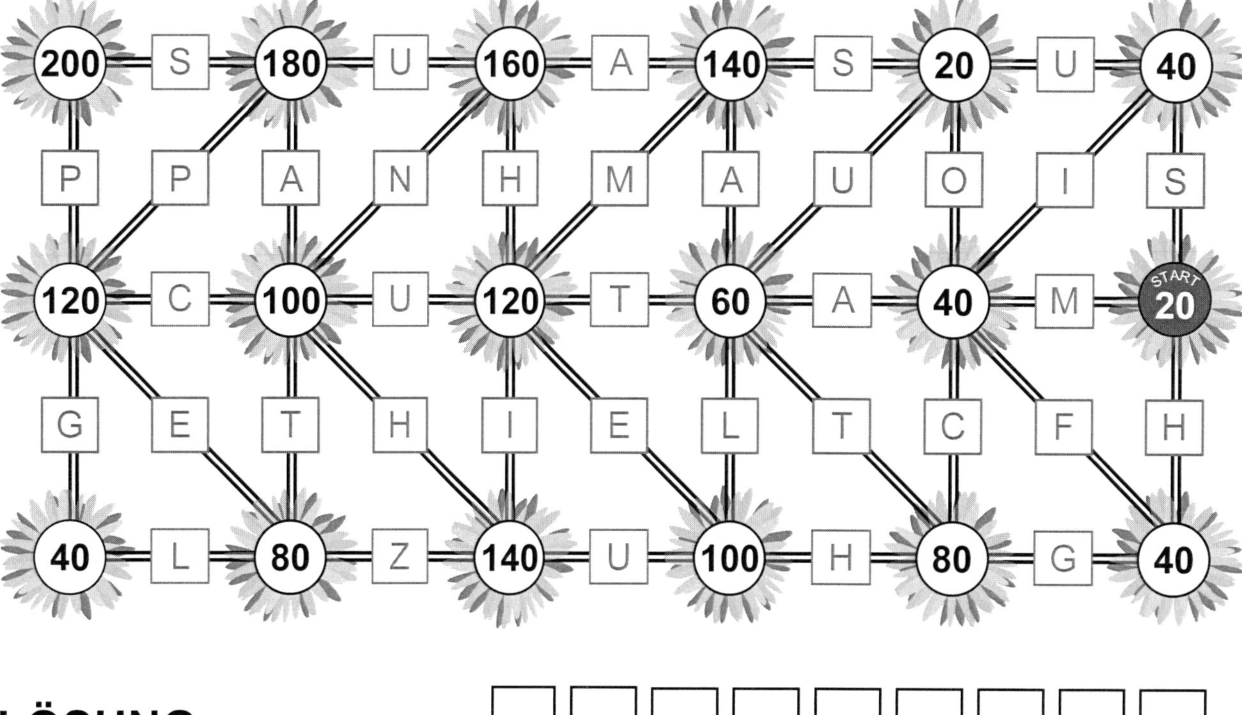

LÖSUNG:

1x1 Labyrinth der 25

Wer findet den Weg durch das Labyrinth? Folge den Zahlen der 25er Reihe.

Die Buchstaben auf dem richtigen Weg ergeben ein Lösungswort, das du unten eintragen kannst.

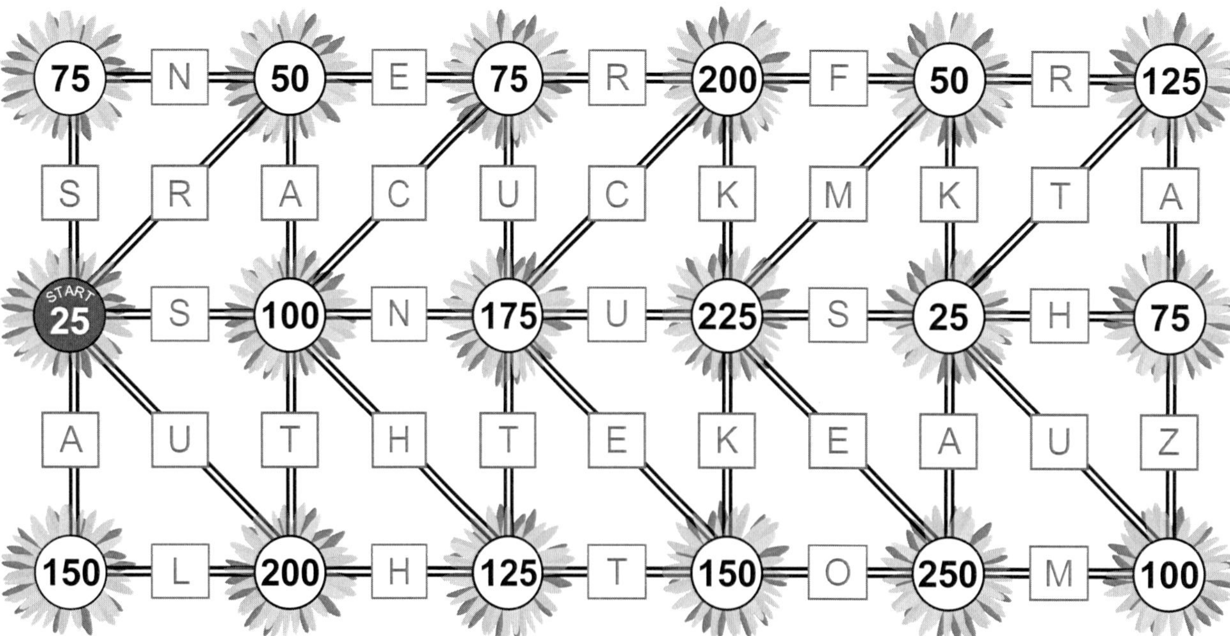

LÖSUNG:

Das Einmaleins-Mathe-Labyrinth
Spannende Knobelaufgaben für Schlaumeier – Bestell-Nr. 11 325
KOHL VERLAG

1x1 Labyrinth der Multiplikation mit 2

Wer findet den Weg durch das Labyrinth? Folge den Zahlen durch Multiplikation mit 2.

Die Buchstaben auf dem richtigen Weg ergeben ein Lösungswort, das du unten eintragen kannst.

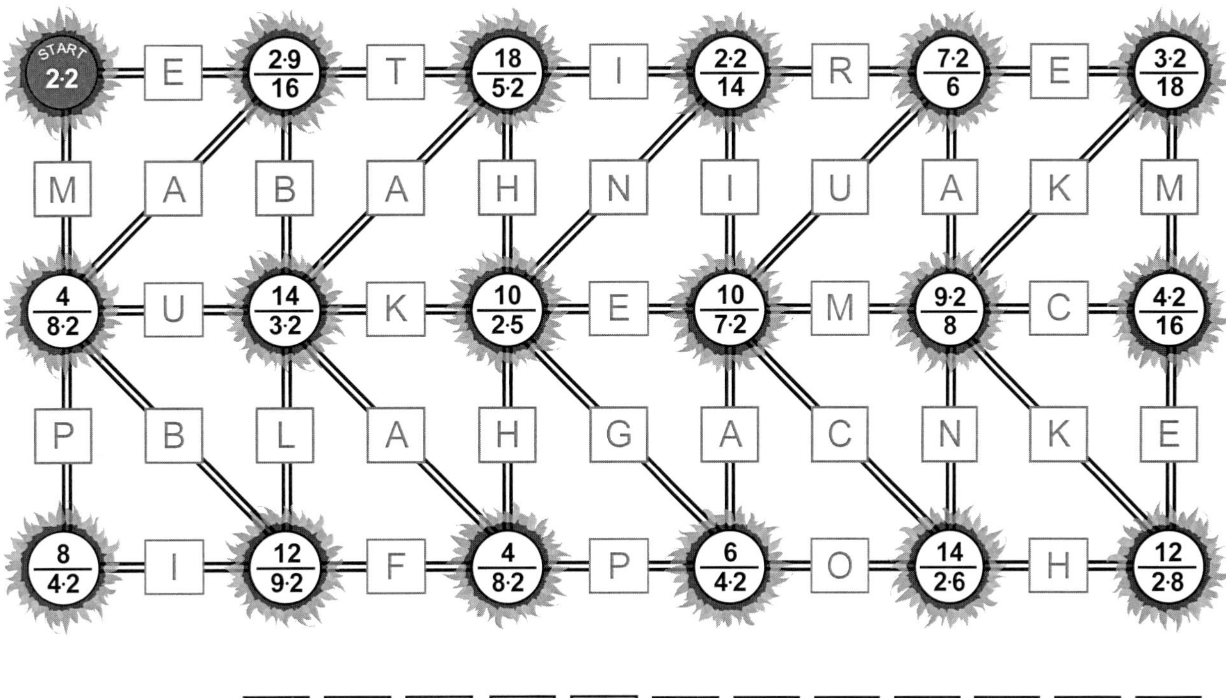

LÖSUNG:

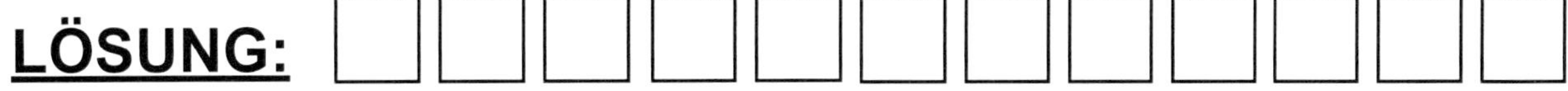

1x1 Labyrinth der Multiplikation mit 3

Wer findet den Weg durch das Labyrinth? Folge den Zahlen durch Multiplikation mit 3.

Die Buchstaben auf dem richtigen Weg ergeben ein Lösungswort, das du unten eintragen kannst.

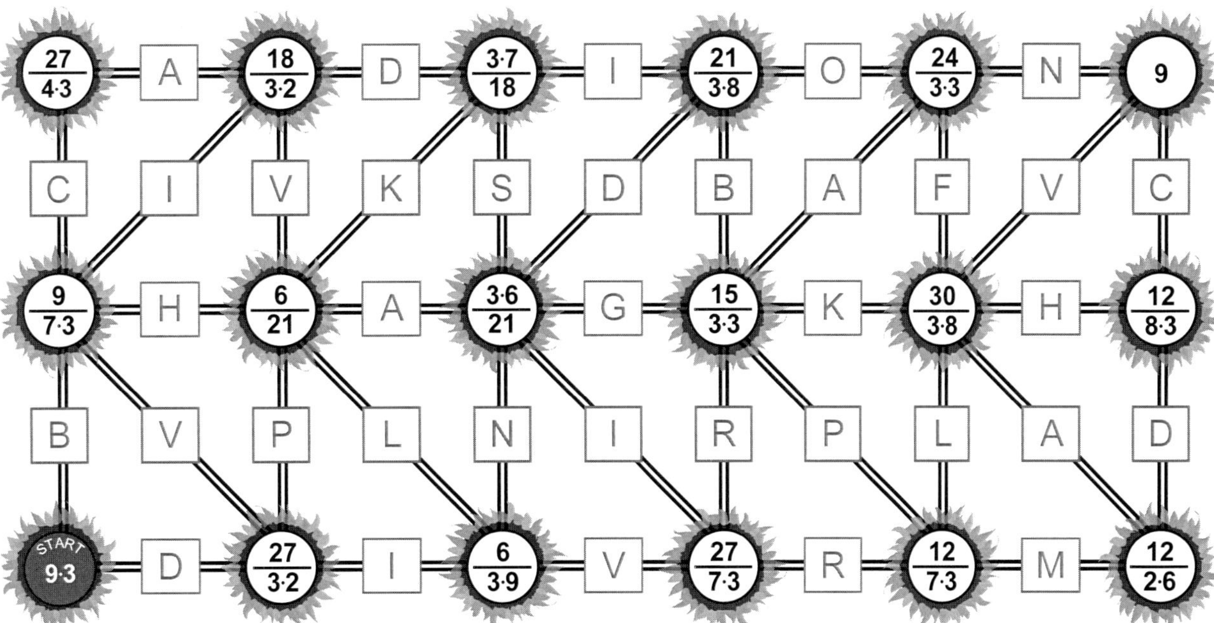

Das Einmaleins-Mathe-Labyrinth
Spannende Knobelaufgaben für Schlaumeier – Bestell-Nr. 11 325
KOHL VERLAG

1x1 Labyrinth der Multiplikation mit 4

Wer findet den Weg durch das Labyrinth? Folge den Zahlen durch Multiplikation mit 4.

Die Buchstaben auf dem richtigen Weg ergeben ein Lösungswort, das du unten eintragen kannst.

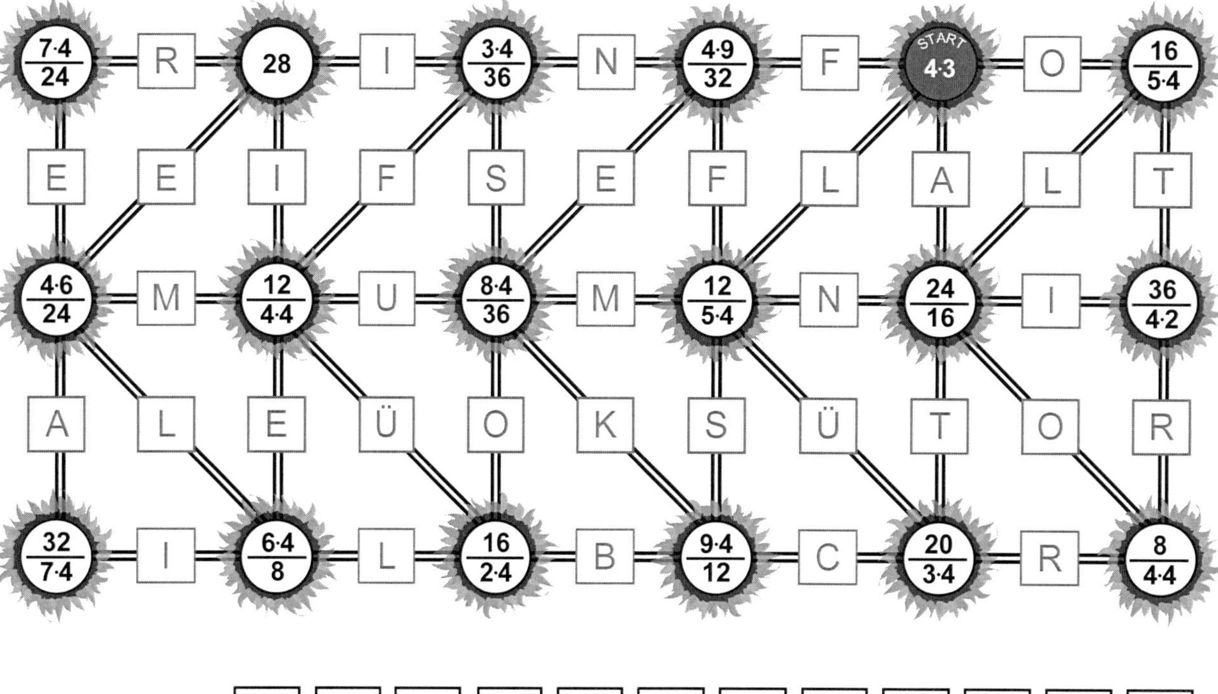

LÖSUNG: ☐☐☐☐☐☐☐☐☐☐☐☐

1x1 Labyrinth der Multiplikation mit 5

Wer findet den Weg durch das Labyrinth? Folge den Zahlen durch Multiplikation mit 5.

Die Buchstaben auf dem richtigen Weg ergeben ein Lösungswort, das du unten eintragen kannst.

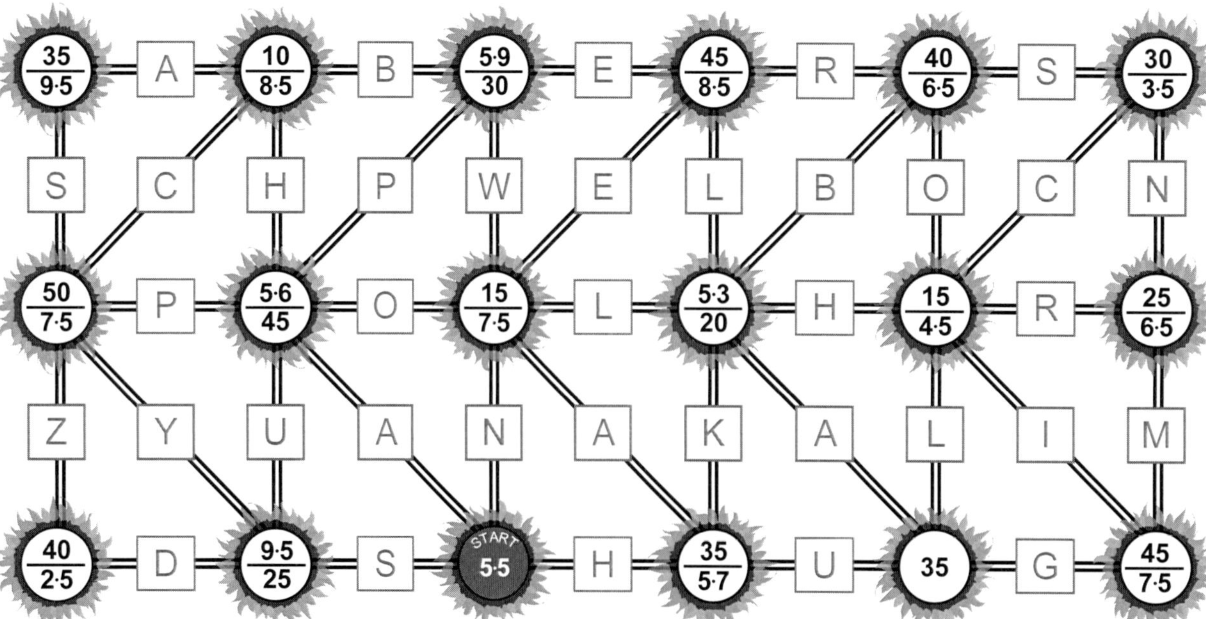

LÖSUNG: ☐☐☐☐☐☐☐☐☐☐☐

Das Einmaleins-Mathe-Labyrinth
Spannende Knobelaufgaben für Schlaumeier – Bestell-Nr. 11 325
KOHL VERLAG

1x1 Labyrinth der Multiplikation mit 6

Wer findet den Weg durch das Labyrinth? Folge den Zahlen durch Multiplikation mit 6.

Die Buchstaben auf dem richtigen Weg ergeben ein Lösungswort, das du unten eintragen kannst.

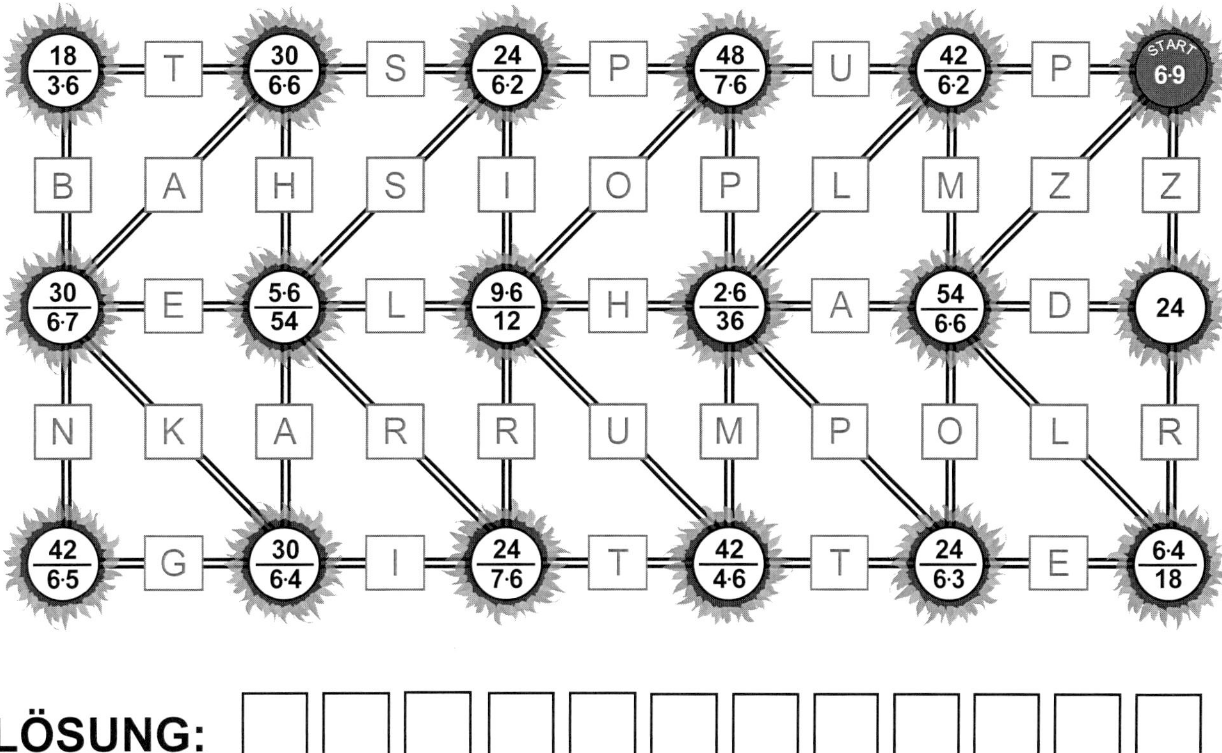

LÖSUNG:

Das Einmaleins-Mathe-Labyrinth
Spannende Knobelaufgaben für Schlaumeier – Bestell-Nr. 11 325
KOHL VERLAG

1x1 Labyrinth der Multiplikation mit 7

Wer findet den Weg durch das Labyrinth? Folge den Zahlen durch Multiplikation mit 7.

Die Buchstaben auf dem richtigen Weg ergeben ein Lösungswort, das du unten eintragen kannst.

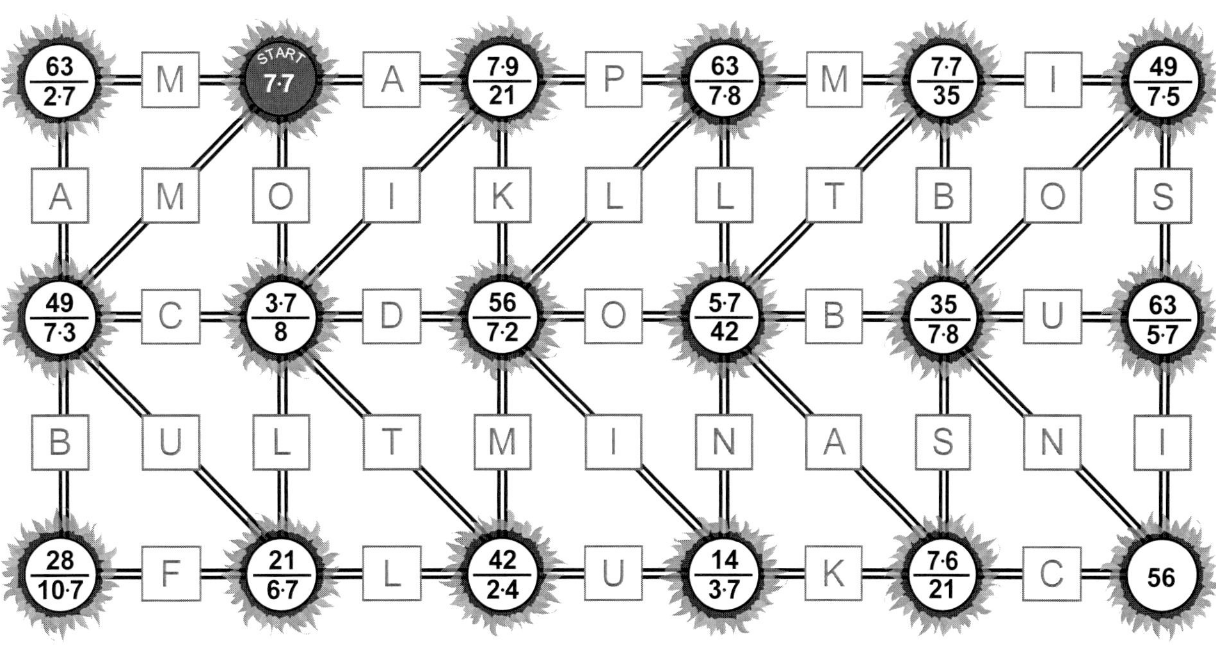

LÖSUNG:

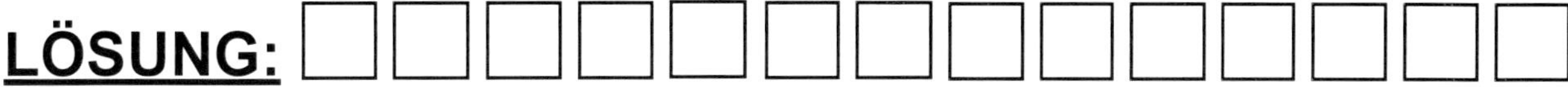

Das Einmaleins-Mathe-Labyrinth
Spannende Knobelaufgaben für Schlaumeier – Bestell-Nr. 11 325
KOHL VERLAG

1x1 Labyrinth der Multiplikation mit 8

Wer findet den Weg durch das Labyrinth? Folge den Zahlen durch Multiplikation mit 8.

Die Buchstaben auf dem richtigen Weg ergeben ein Lösungswort, das du unten eintragen kannst.

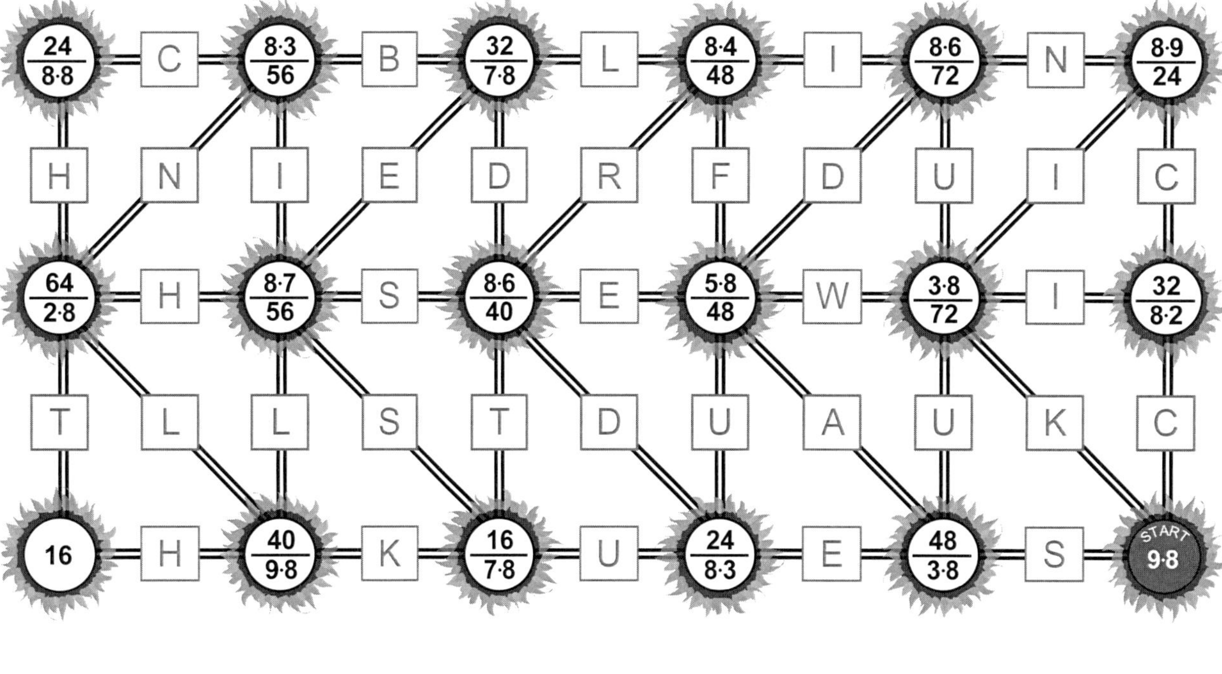

LÖSUNG: ☐☐☐☐☐☐☐☐☐☐☐☐

1x1 Labyrinth der Multiplikation mit 9

Wer findet den Weg durch das Labyrinth? Folge den Zahlen durch Multiplikation mit 9.

Die Buchstaben auf dem richtigen Weg ergeben ein Lösungswort, das du unten eintragen kannst.

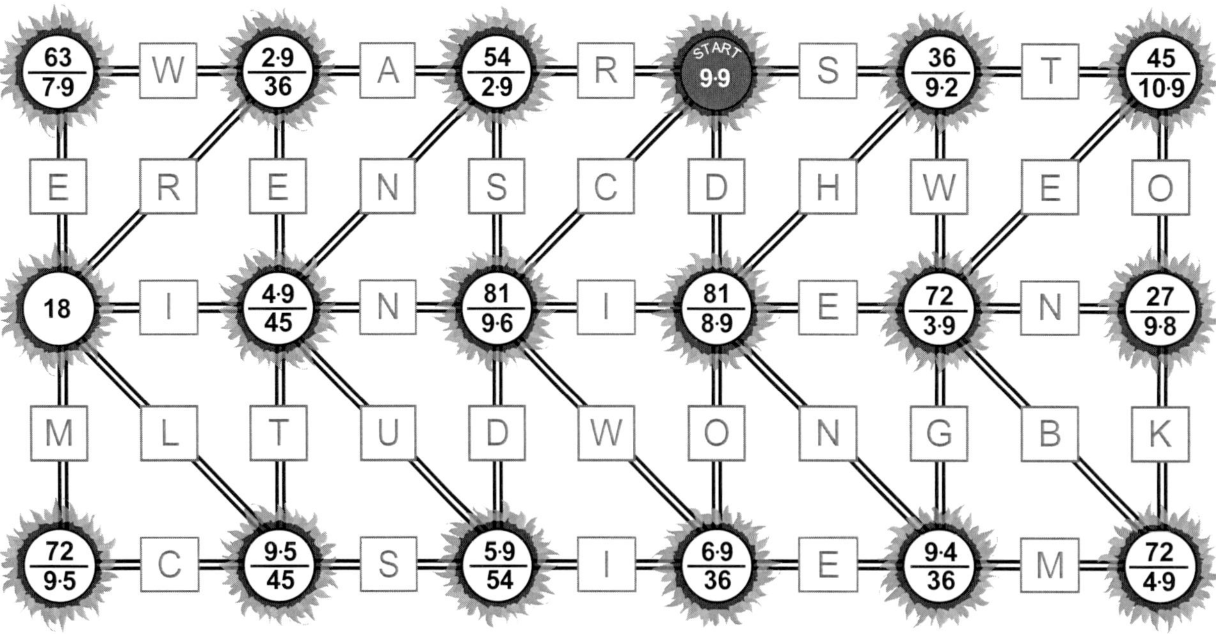

KOHL VERLAG – Das Einmaleins-Mathe-Labyrinth – Spannende Knobelaufgaben für Schlaumeier – Bestell-Nr. 11 325

1x1 Labyrinth der Multiplikation mit 10

Wer findet den Weg durch das Labyrinth? Folge den Zahlen durch Multiplikation mit 10.

Die Buchstaben auf dem richtigen Weg ergeben ein Lösungswort, das du unten eintragen kannst.

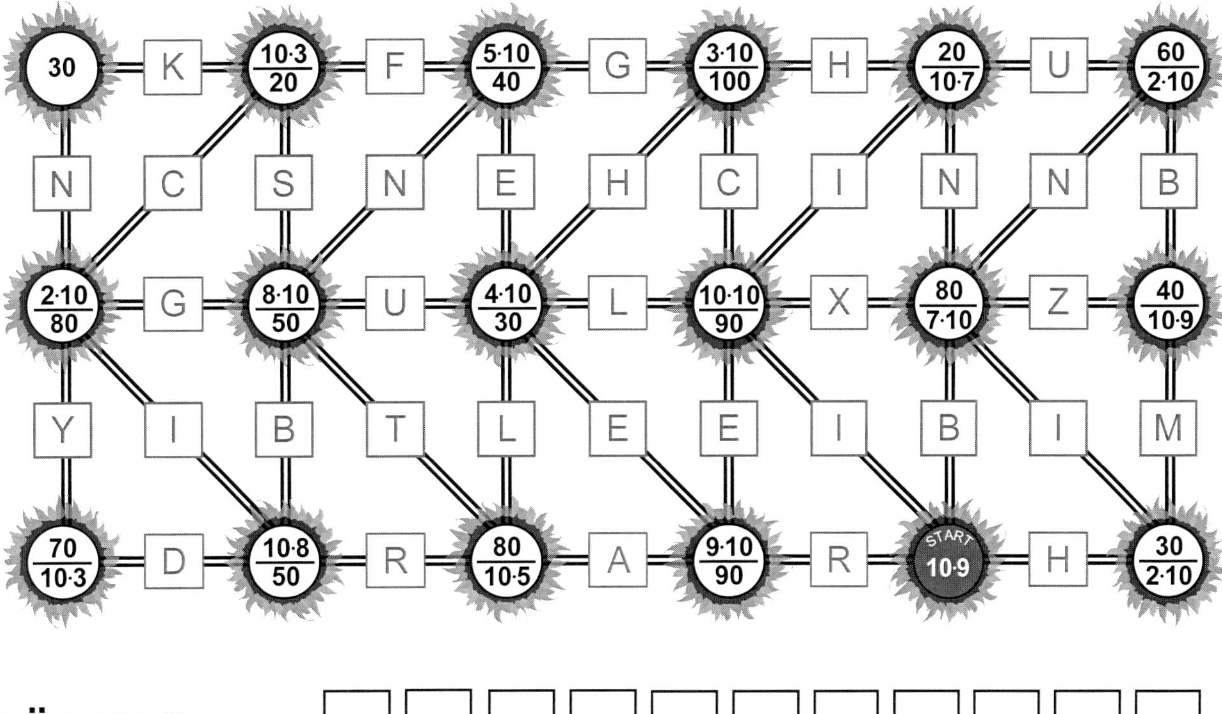

LÖSUNG: ☐☐☐☐☐☐☐☐☐☐☐

KOHL VERLAG
Das Einmaleins-Mathe-Labyrinth
Spannende Knobelaufgaben für Schlaumeier – Bestell-Nr. 11 325

1x1 Labyrinth der Multiplikation mit 11

Wer findet den Weg durch das Labyrinth? Folge den Zahlen durch Multiplikation mit 11.

Die Buchstaben auf dem richtigen Weg ergeben ein Lösungswort, das du unten eintragen kannst.

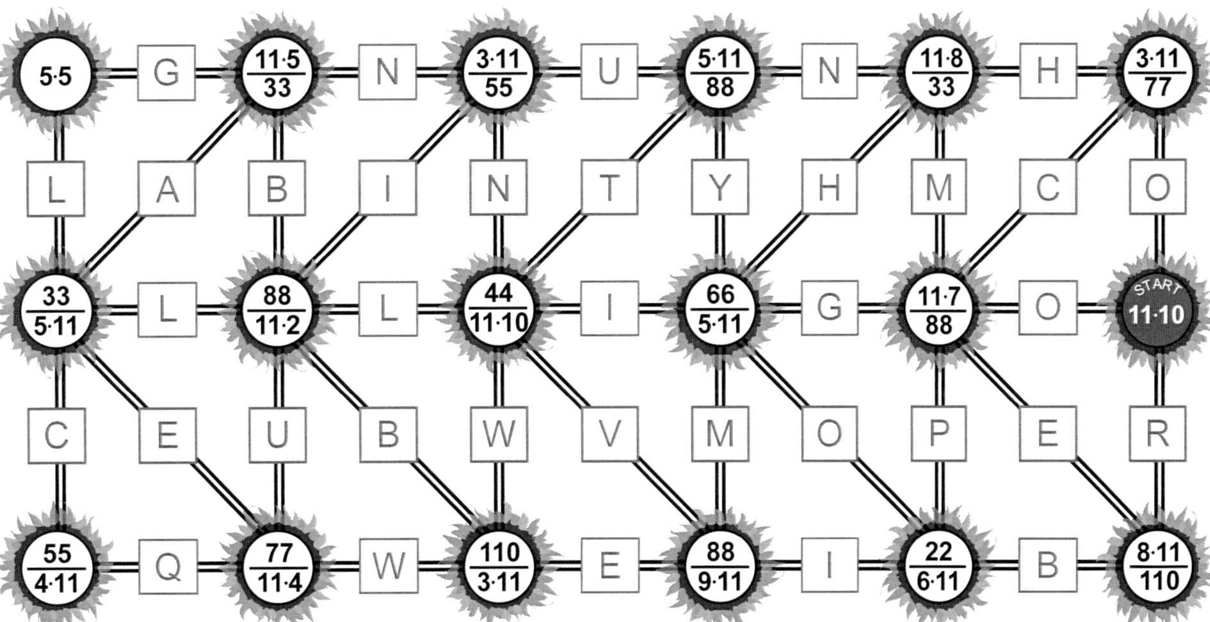

LÖSUNG:

KOHL VERLAG
Das Einmaleins-Mathe-Labyrinth
Spannende Knobelaufgaben für Schlaumeier – Bestell-Nr. 11 325

1x1 Labyrinth der Multiplikation mit 12

Wer findet den Weg durch das Labyrinth? Folge den Zahlen durch Multiplikation mit 12.

Die Buchstaben auf dem richtigen Weg ergeben ein Lösungswort, das du unten eintragen kannst.

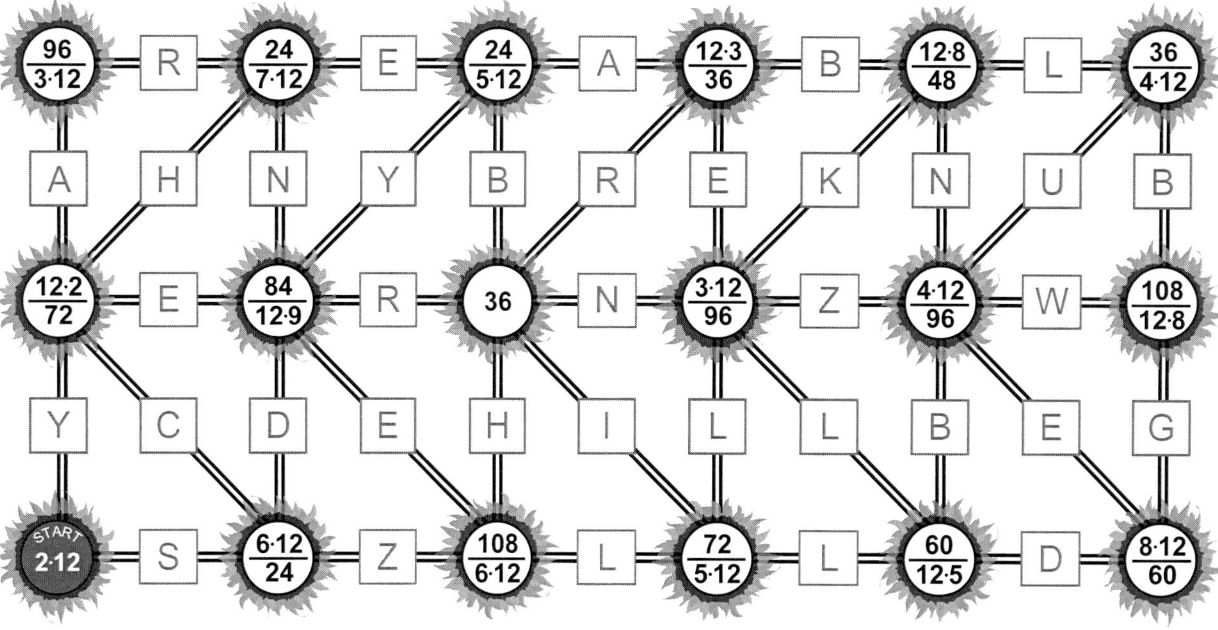

LÖSUNG: 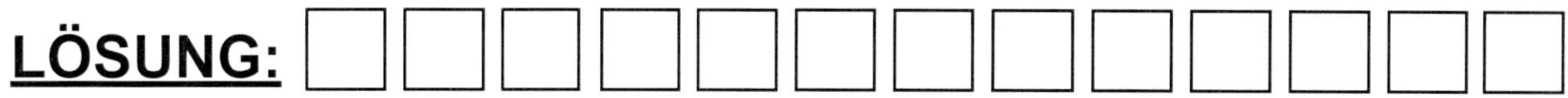

1x1 Labyrinth der Multiplikation mit 13

Wer findet den Weg durch das Labyrinth? Folge den Zahlen durch Multiplikation mit 13.

Die Buchstaben auf dem richtigen Weg ergeben ein Lösungswort, das du unten eintragen kannst.

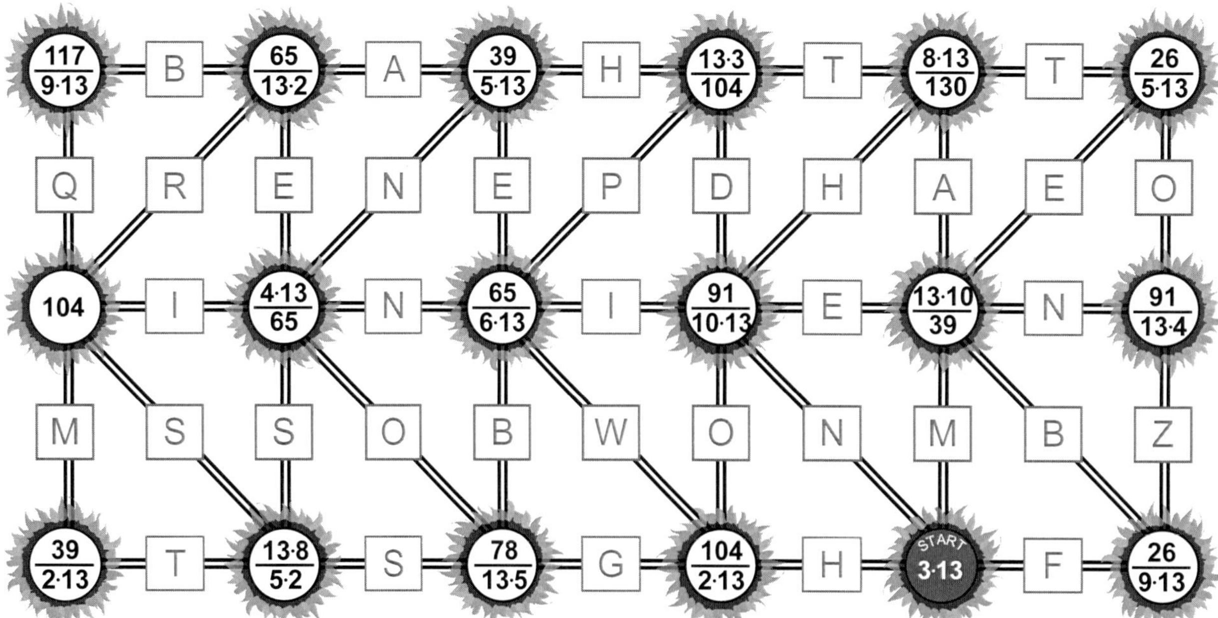

LÖSUNG: 

1x1 Labyrinth der Multiplikation mit 14

Wer findet den Weg durch das Labyrinth? Folge den Zahlen durch Multiplikation mit 14.

Die Buchstaben auf dem richtigen Weg ergeben ein Lösungswort, das du unten eintragen kannst.

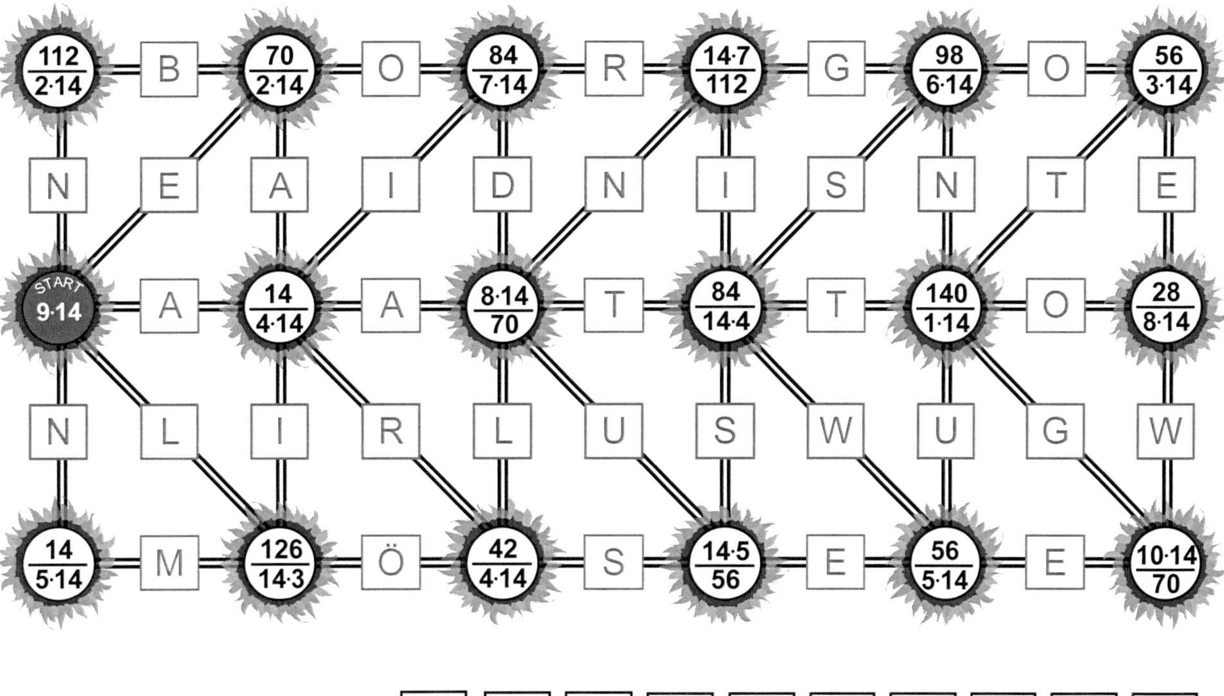

LÖSUNG:

1x1 Labyrinth der Multiplikation mit 15

Wer findet den Weg durch das Labyrinth? Folge den Zahlen durch Multiplikation mit 15.

Die Buchstaben auf dem richtigen Weg ergeben ein Lösungswort, das du unten eintragen kannst.

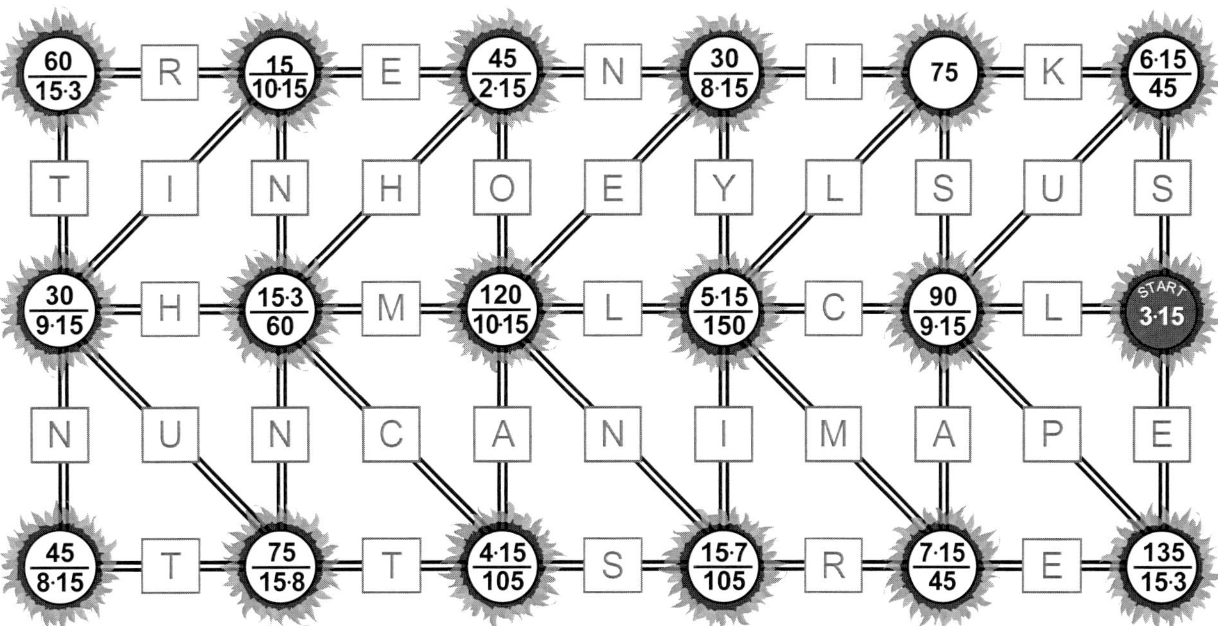

LÖSUNG: 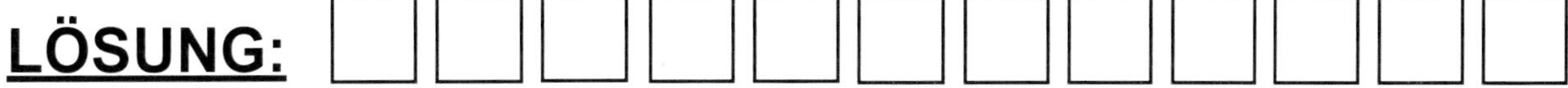

Das Einmaleins-Mathe-Labyrinth
Spannende Knobelaufgaben für Schlaumeier – Bestell-Nr. 11 325
KOHL VERLAG

1x1 Labyrinth der Multiplikation mit 16

Wer findet den Weg durch das Labyrinth? Folge den Zahlen durch Multiplikation mit 16.

Die Buchstaben auf dem richtigen Weg ergeben ein Lösungswort, das du unten eintragen kannst.

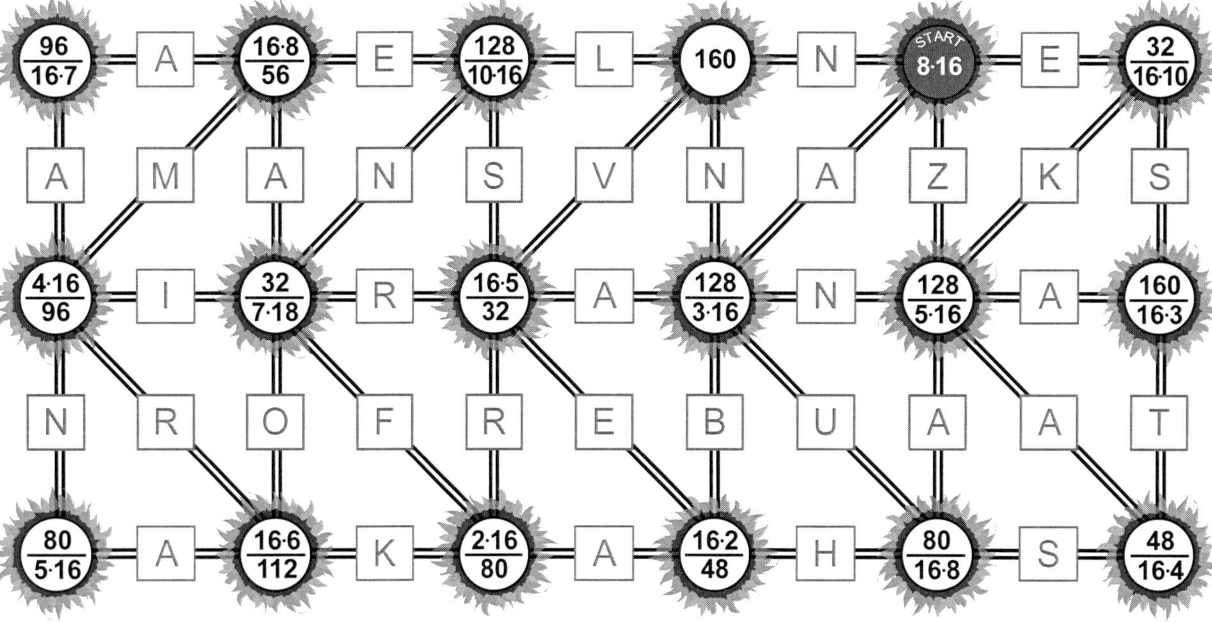

LÖSUNG:

1x1 Labyrinth der Multiplikation mit 17

Wer findet den Weg durch das Labyrinth? Folge den Zahlen durch Multiplikation mit 17.

Die Buchstaben auf dem richtigen Weg ergeben ein Lösungswort, das du unten eintragen kannst.

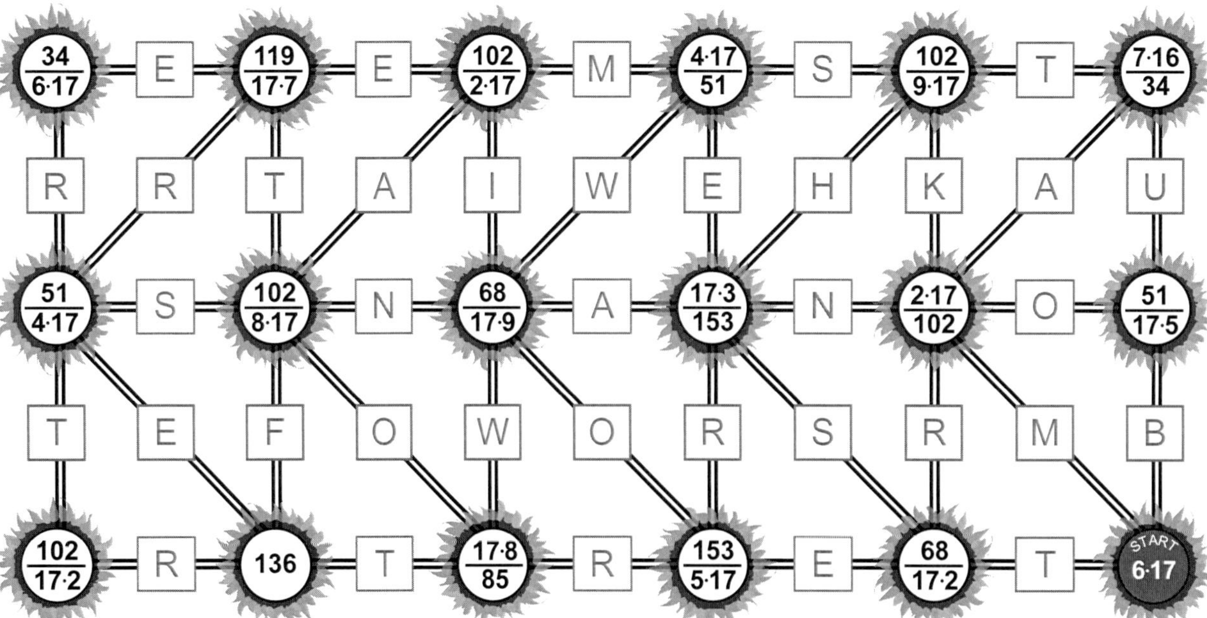

LÖSUNG: 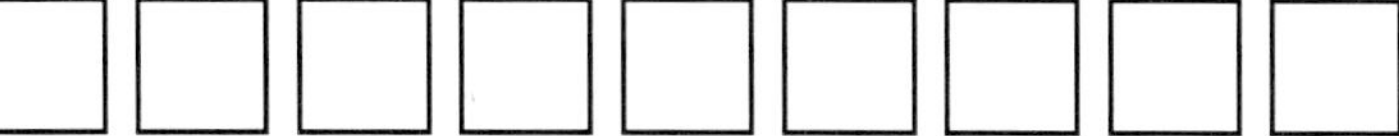

KOHL VERLAG Das Einmaleins-Mathe-Labyrinth

1x1 Labyrinth der Multiplikation mit 18

Wer findet den Weg durch das Labyrinth? Folge den Zahlen durch Multiplikation mit 18.

Die Buchstaben auf dem richtigen Weg ergeben ein Lösungswort, das du unten eintragen kannst.

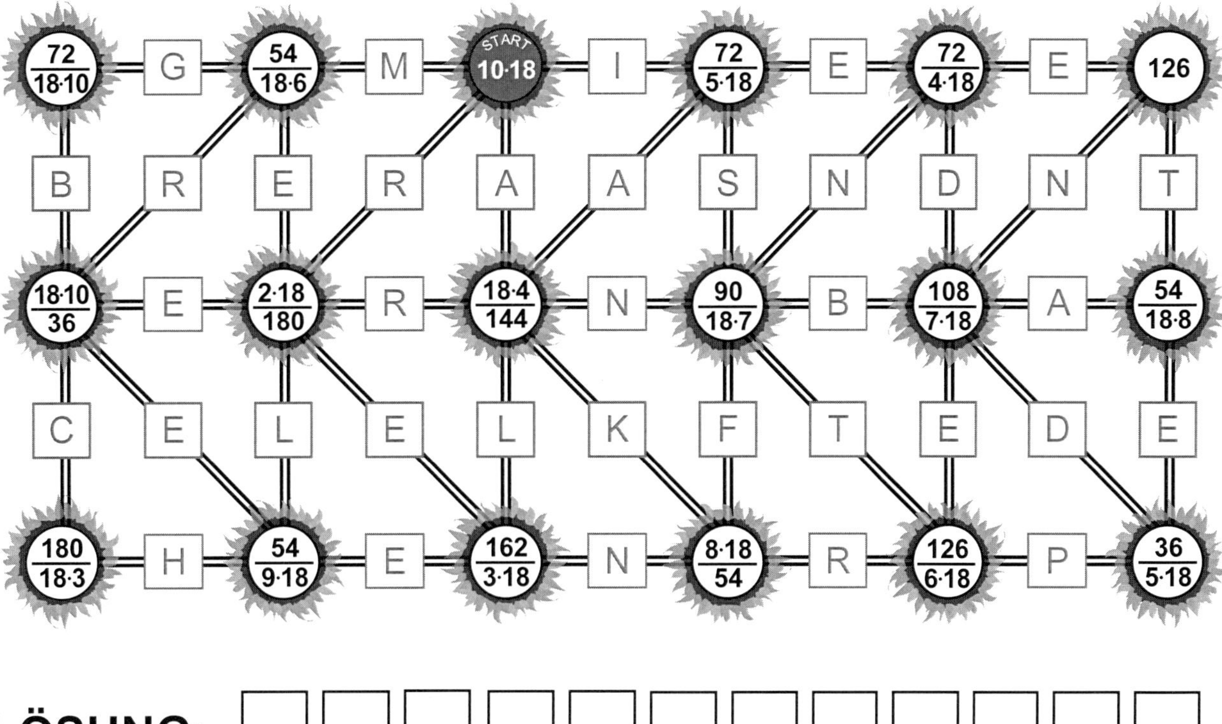

LÖSUNG:

Das Einmaleins-Mathe-Labyrinth
Spannende Knobelaufgaben für Schlaumeier – Bestell-Nr. 11 325
KOHL VERLAG

1x1 Labyrinth der Multiplikation mit 19

Wer findet den Weg durch das Labyrinth? Folge den Zahlen durch Multiplikation mit 19.

Die Buchstaben auf dem richtigen Weg ergeben ein Lösungswort, das du unten eintragen kannst.

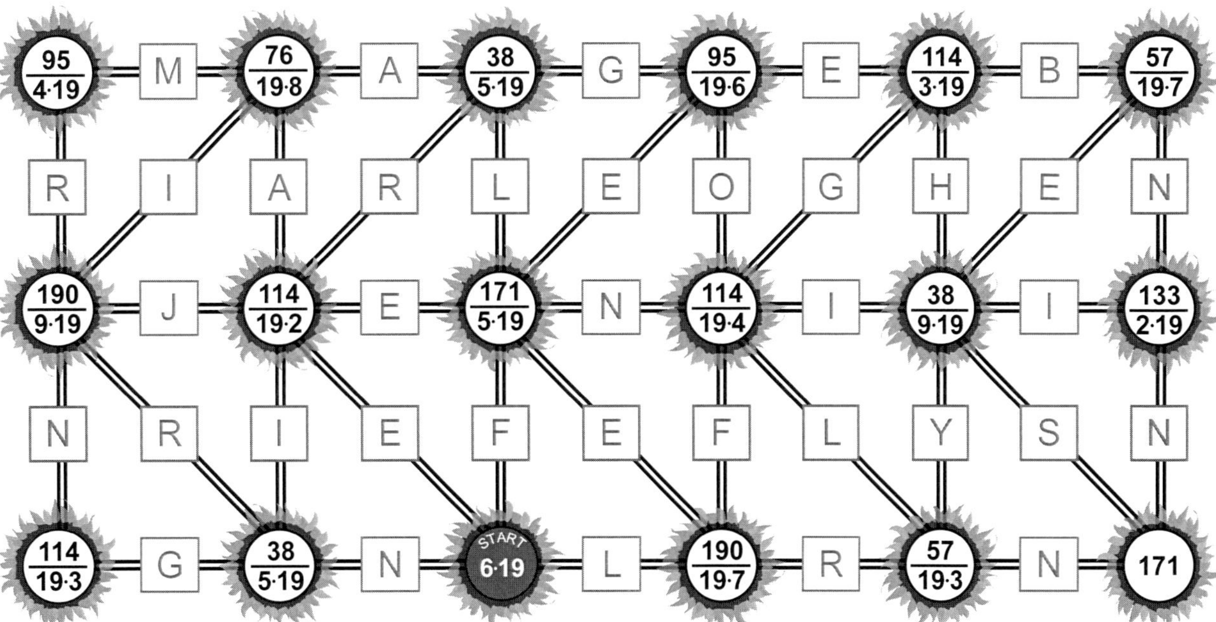

Das Einmaleins-Mathe-Labyrinth
Spannende Knobelaufgaben für Schlaumeier – Bestell-Nr. 11 325
KOHL VERLAG

1x1 Labyrinth der Multiplikation mit 20

Wer findet den Weg durch das Labyrinth? Folge den Zahlen durch Multiplikation mit 20.

Die Buchstaben auf dem richtigen Weg ergeben ein Lösungswort, das du unten eintragen kannst.

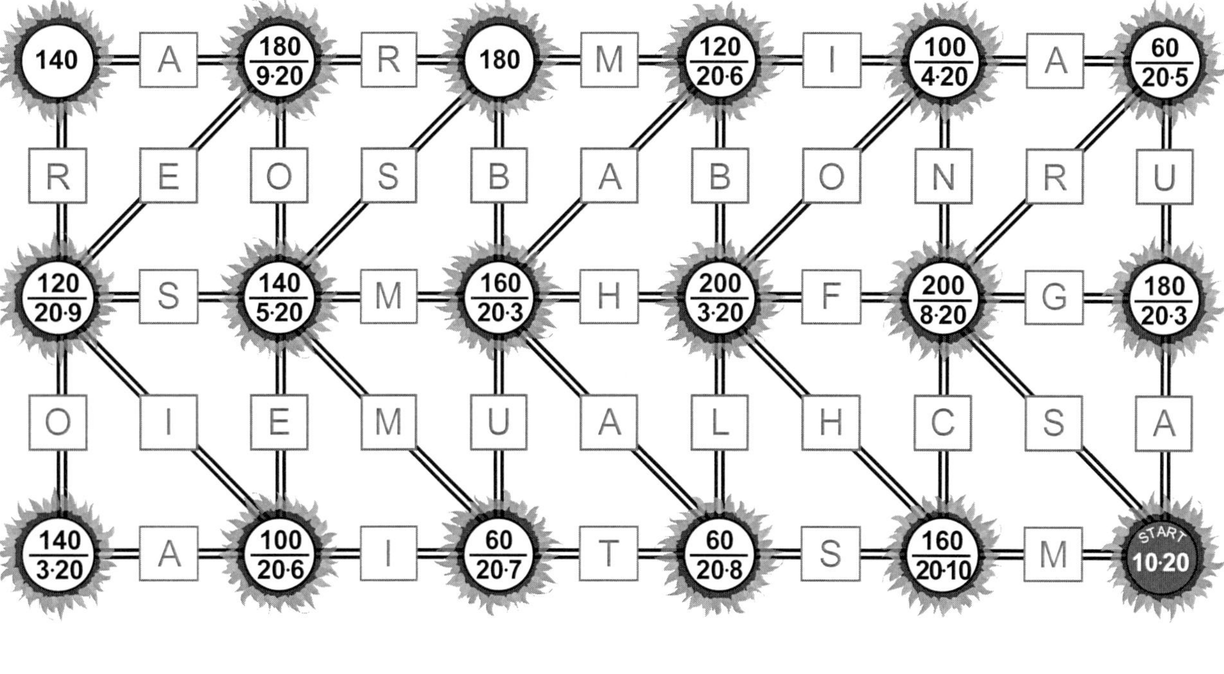

LÖSUNG:

1x1 Labyrinth der Multiplikation mit 25

Wer findet den Weg durch das Labyrinth? Folge den Zahlen durch Multiplikation mit 25.

Die Buchstaben auf dem richtigen Weg ergeben ein Lösungswort, das du unten eintragen kannst.

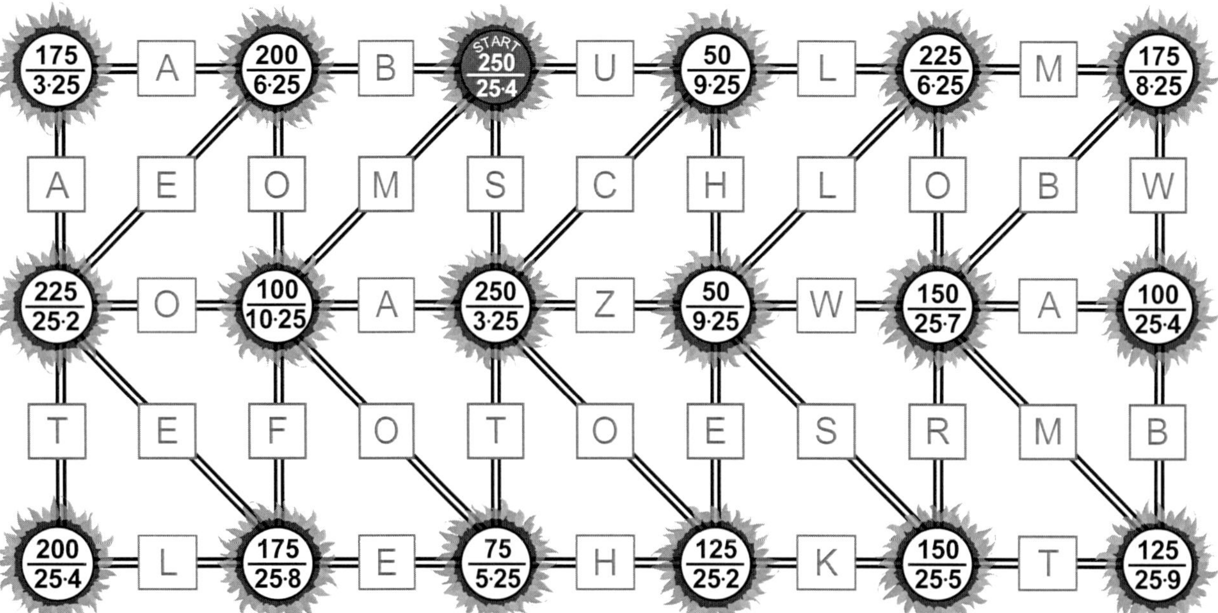

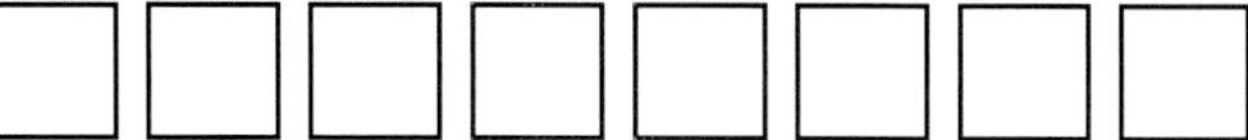

1x1 Labyrinth der Kombination der 2er-/4er-Reihe

Wer findet den Weg durch das Labyrinth? Folge den Zahlen des Einmaleins der 2er- und 4er-Reihe. Die Buchstaben auf dem richtigen Weg ergeben ein Lösungswort, das du unten eintragen kannst.

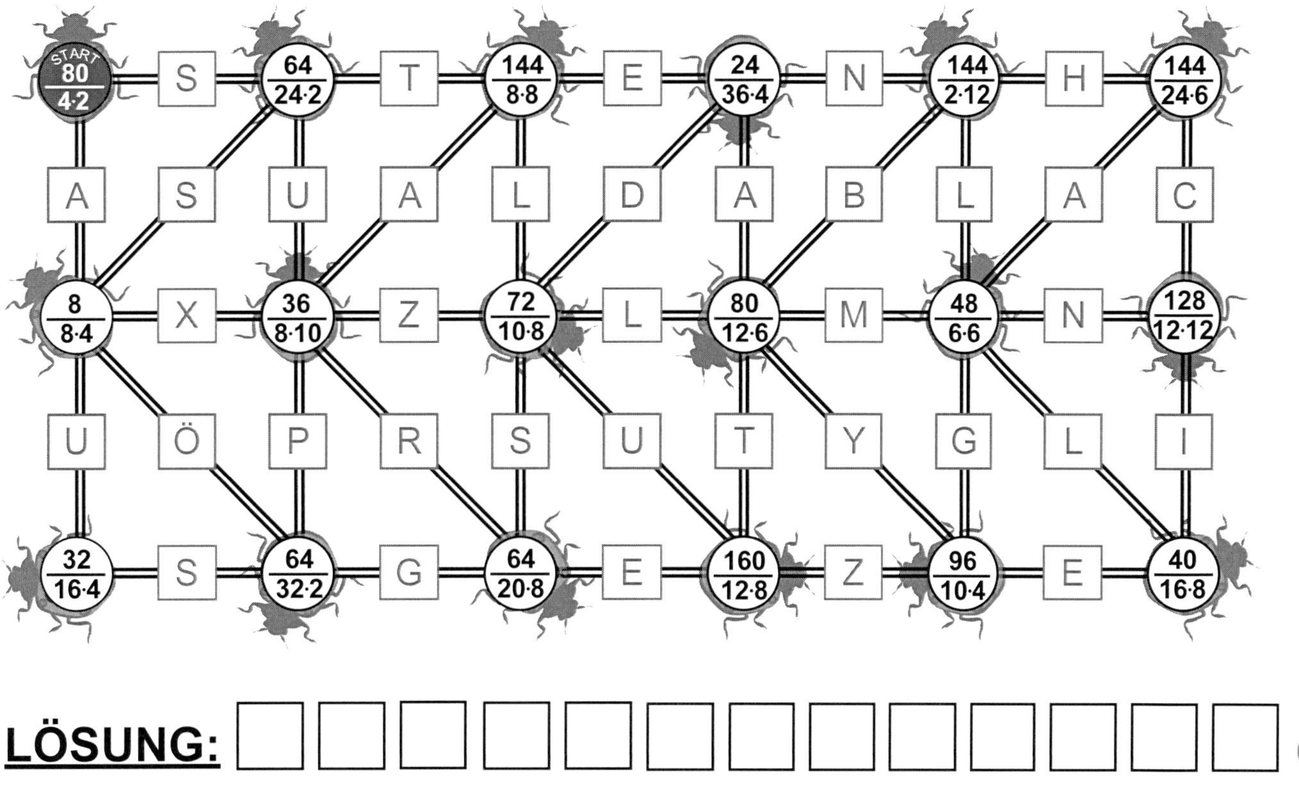

LÖSUNG: ☐☐☐☐☐☐☐☐☐☐☐☐☐

Das Einmaleins-Mathe-Labyrinth – Spannende Knobelaufgaben für Schlaumeier – Bestell-Nr. 11 325
KOHL VERLAG

1x1 Labyrinth der Kombination der 4er-/8er-Reihe

Wer findet den Weg durch das Labyrinth? Folge den Zahlen des Einmaleins der 4er- und 8er-Reihe. Die Buchstaben auf dem richtigen Weg ergeben ein Lösungswort, das du unten eintragen kannst.

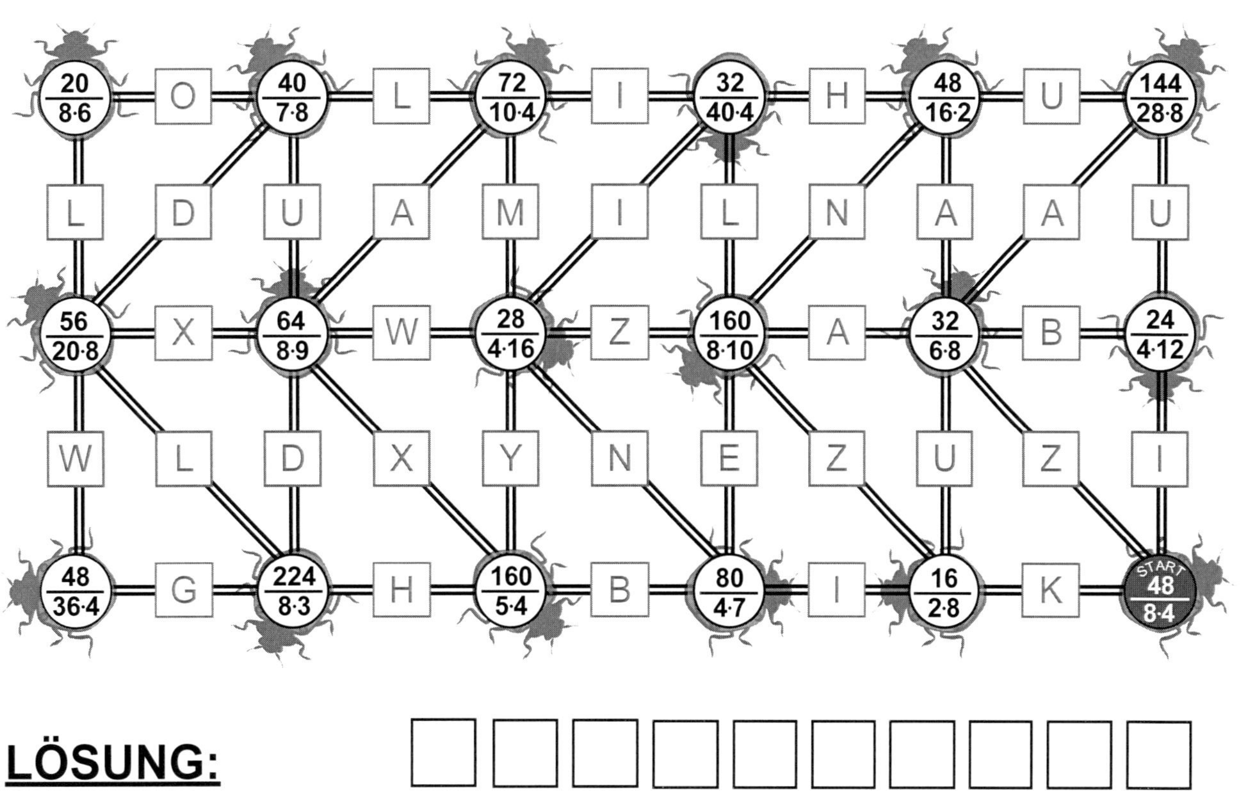

LÖSUNG: ☐☐☐☐☐☐☐☐☐☐

Das Einmaleins-Mathe-Labyrinth – Spannende Knobelaufgaben für Schlaumeier – Bestell-Nr. 11 325
KOHL VERLAG

1x1 Labyrinth der Kombination der 3er-/6er-Reihe

Wer findet den Weg durch das Labyrinth? Folge den Zahlen des Einmaleins der 3er- und 6er-Reihe. Die Buchstaben auf dem richtigen Weg ergeben ein Lösungswort, das du unten eintragen kannst.

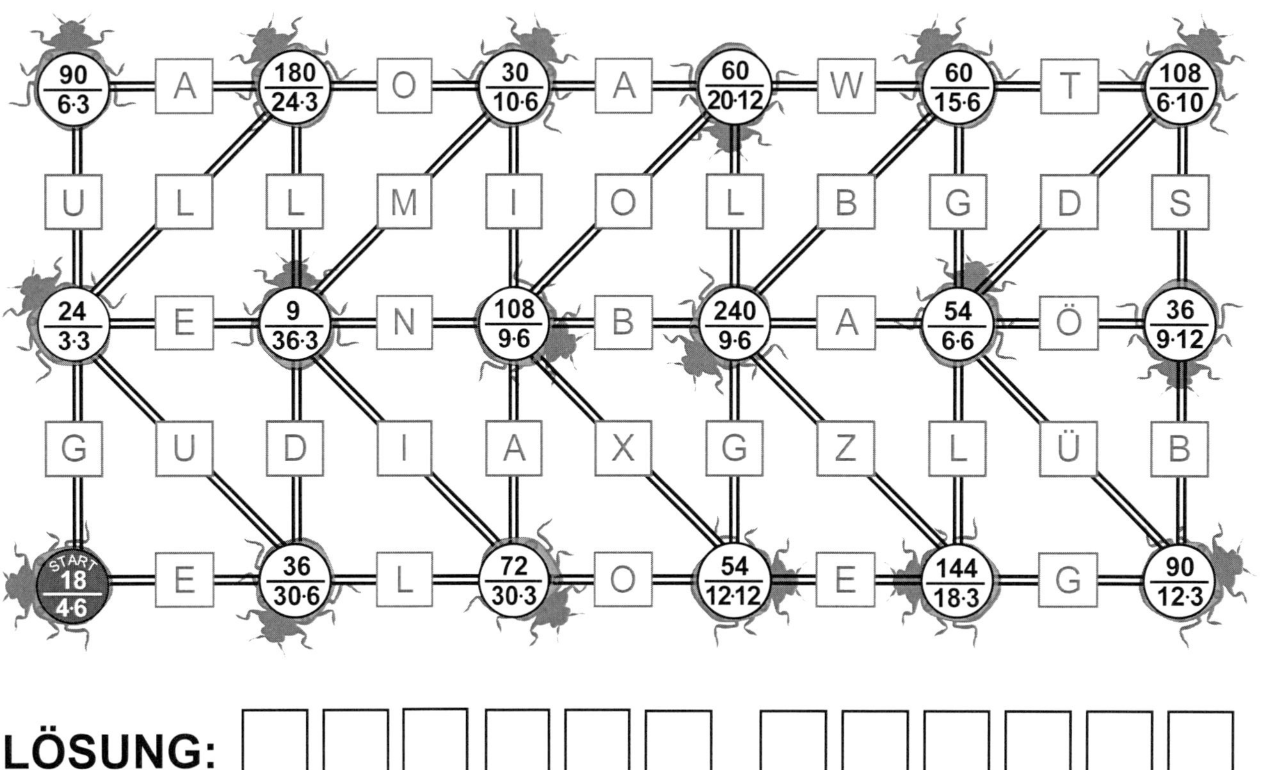

LÖSUNG: ☐☐☐☐☐☐ ☐☐☐☐☐☐

1x1 Labyrinth der Kombination der 5er-/10er-Reihe

Wer findet den Weg durch das Labyrinth? Folge den Zahlen des Einmaleins der 5er- und 10er-Reihe. Die Buchstaben auf dem richtigen Weg ergeben ein Lösungswort, das du unten eintragen kannst.

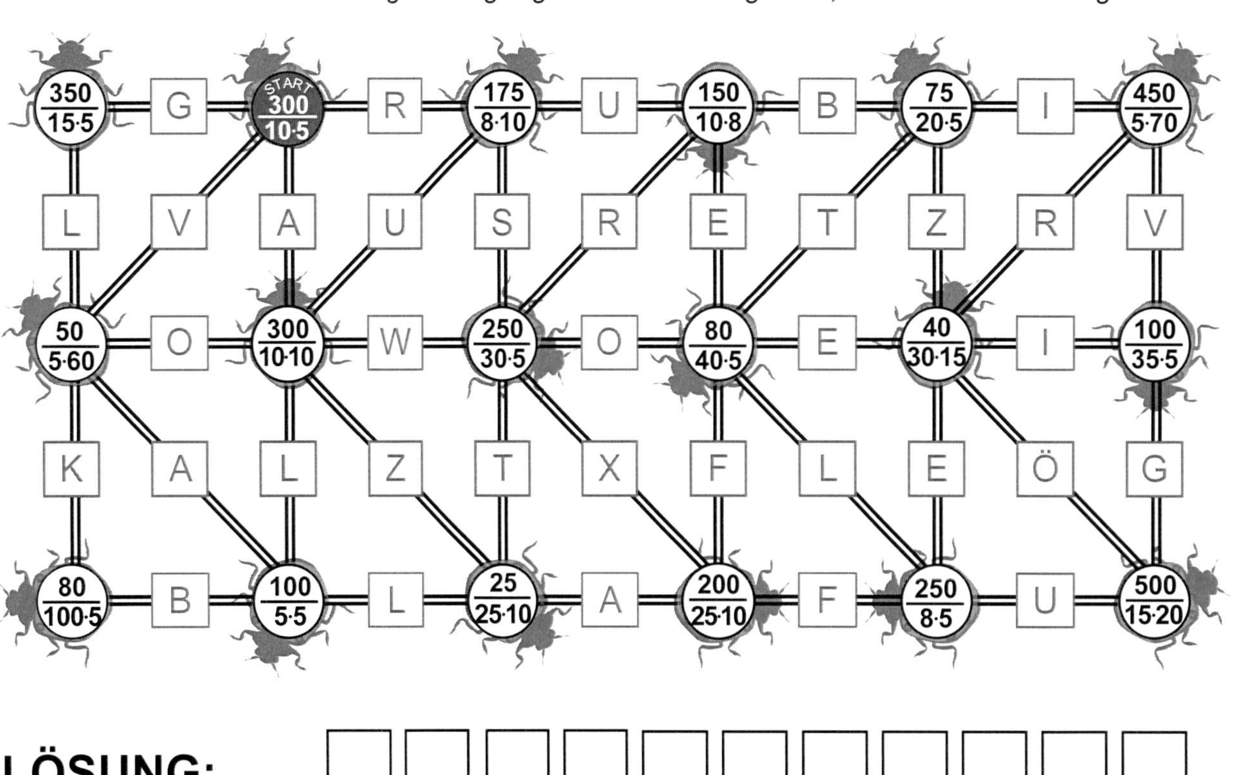

LÖSUNG: ☐☐☐☐☐☐☐☐☐☐☐

1x1 Labyrinth der Kombination der 7er-Reihe

Wer findet den Weg durch das Labyrinth? Folge den Zahlen des Einmaleins der 7er-Reihe.

Die Buchstaben auf dem richtigen Weg ergeben ein Lösungswort, das du unten eintragen kannst.

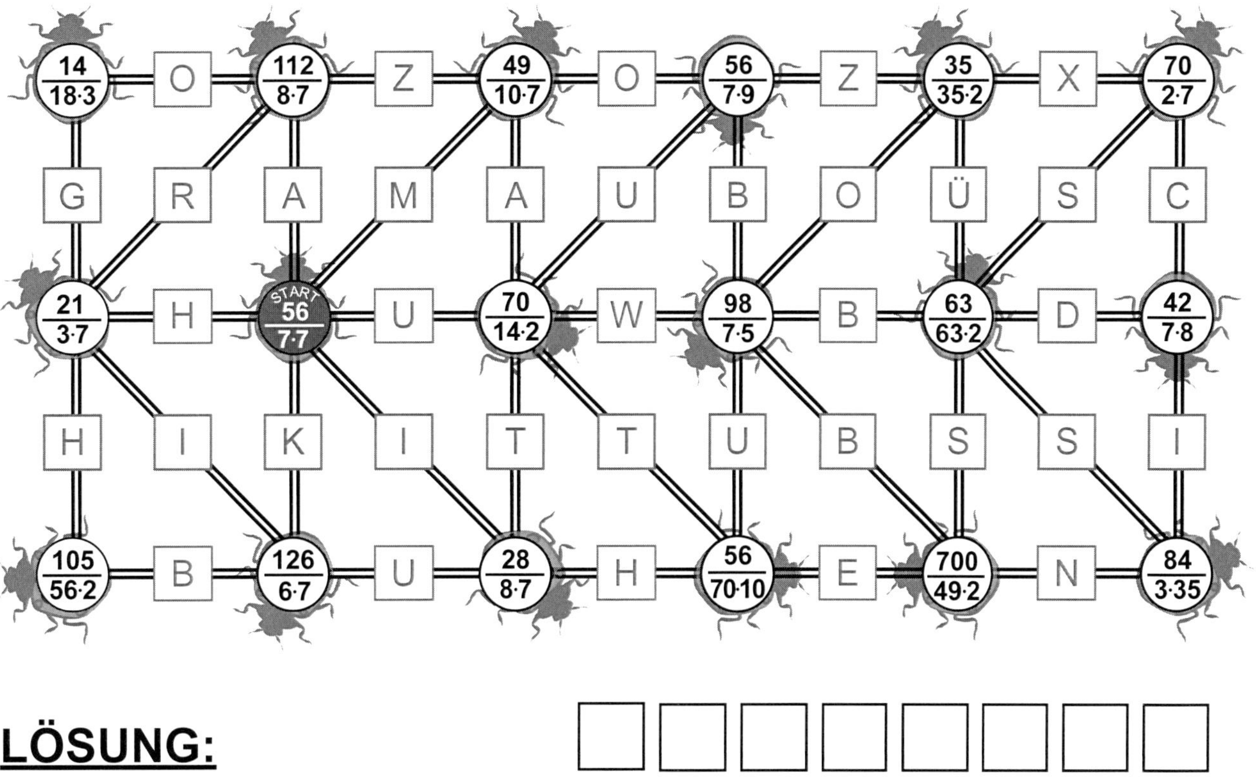

LÖSUNG:

1x1 Labyrinth der Kombination der 3er-/6er-/9er-Reihe

Wer findet den Weg durch das Labyrinth? Folge den Zahlen des Einmaleins der 3er-, 6er-, 9er-Reihe.

Die Buchstaben auf dem richtigen Weg ergeben ein Lösungswort, das du unten eintragen kannst.

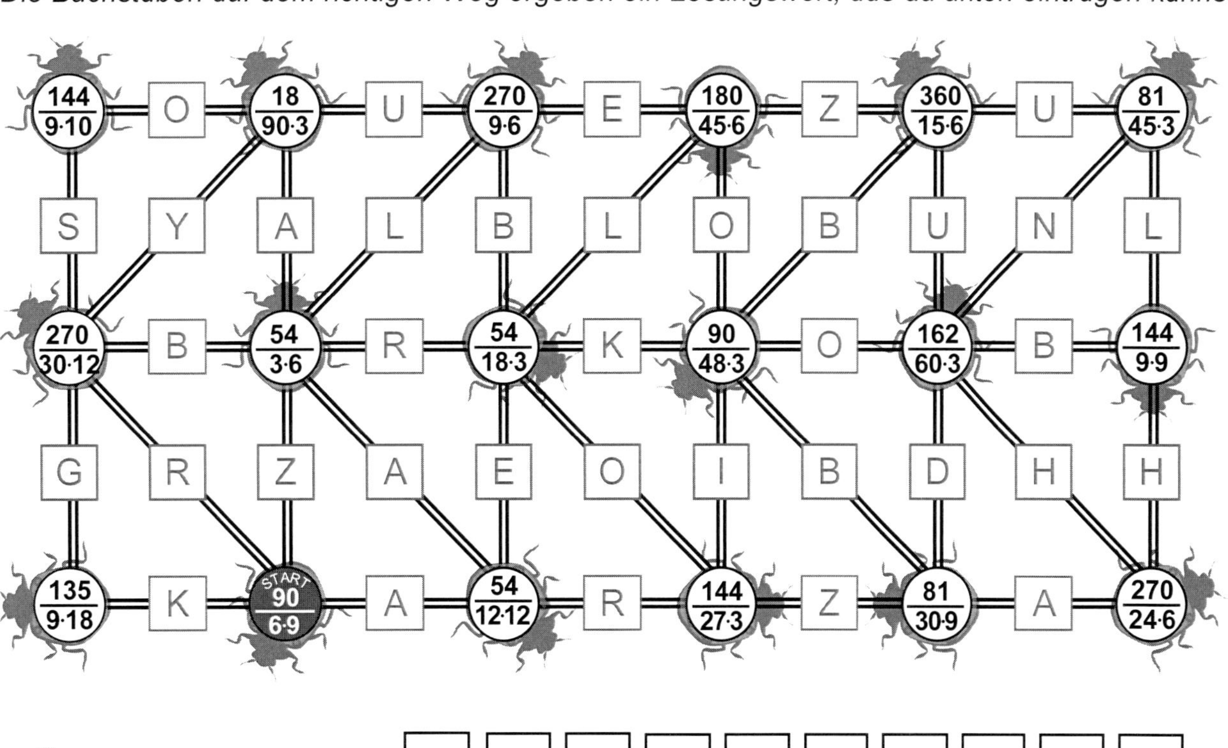

LÖSUNG:

1x1 Labyrinth der Kombination der 2er-/6er-Reihe

Wer findet den Weg durch das Labyrinth? Folge den Zahlen des Einmaleins der 2er- und 6er-Reihe. Die Buchstaben auf dem richtigen Weg ergeben ein Lösungswort, das du unten eintragen kannst.

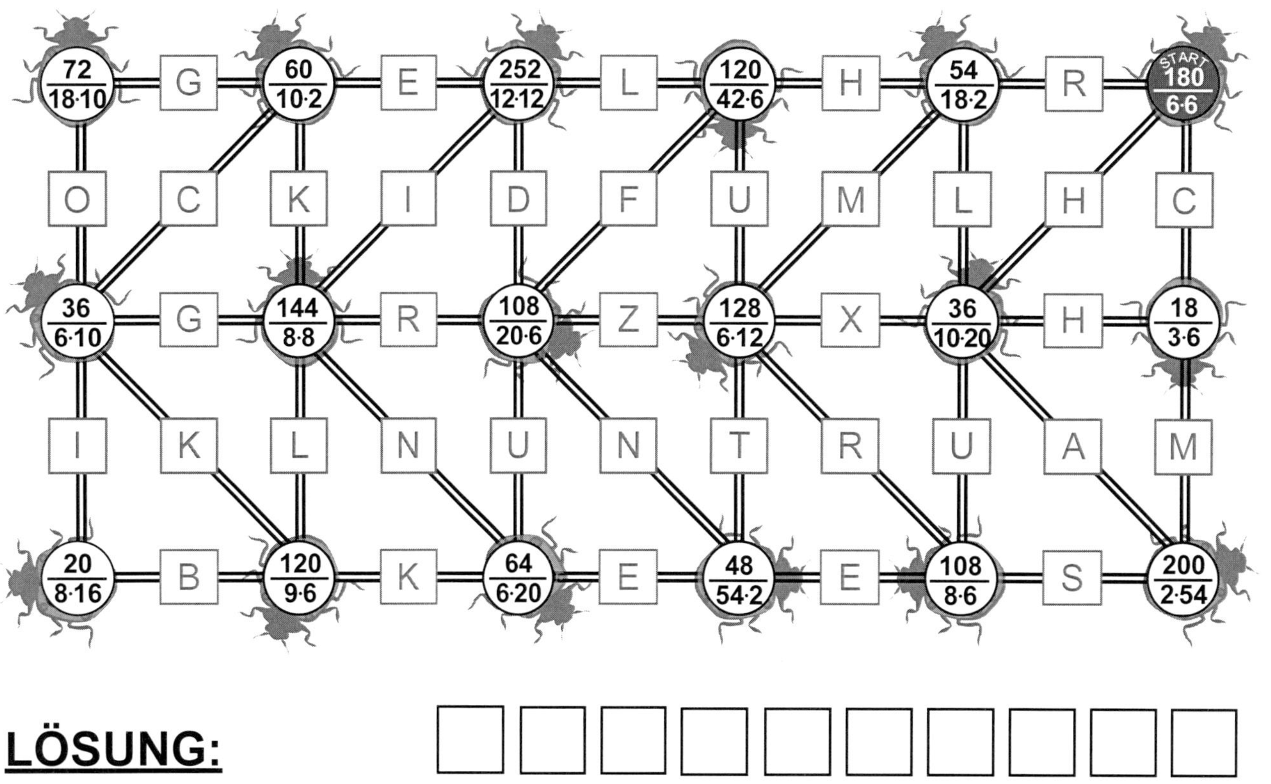

LÖSUNG:

1x1 Labyrinth der Kombination der 6er-/9er-Reihe

Wer findet den Weg durch das Labyrinth? Folge den Zahlen des Einmaleins der 6er- und 9er-Reihe. Die Buchstaben auf dem richtigen Weg ergeben ein Lösungswort, das du unten eintragen kannst.

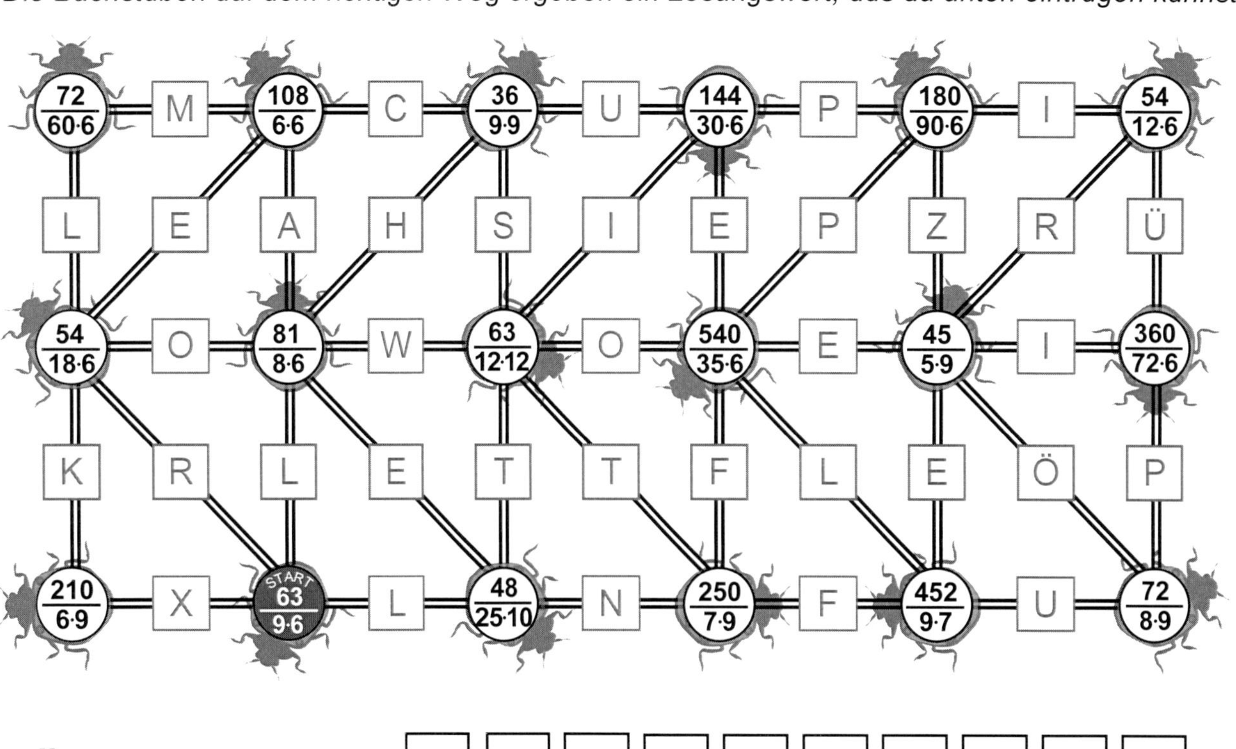

LÖSUNG:

1x1 Labyrinth der Kombination der 7er-/8er-Reihe

Wer findet den Weg durch das Labyrinth? Folge den Zahlen des Einmaleins der 7er- und 8er-Reihe. Die Buchstaben auf dem richtigen Weg ergeben ein Lösungswort, das du unten eintragen kannst.

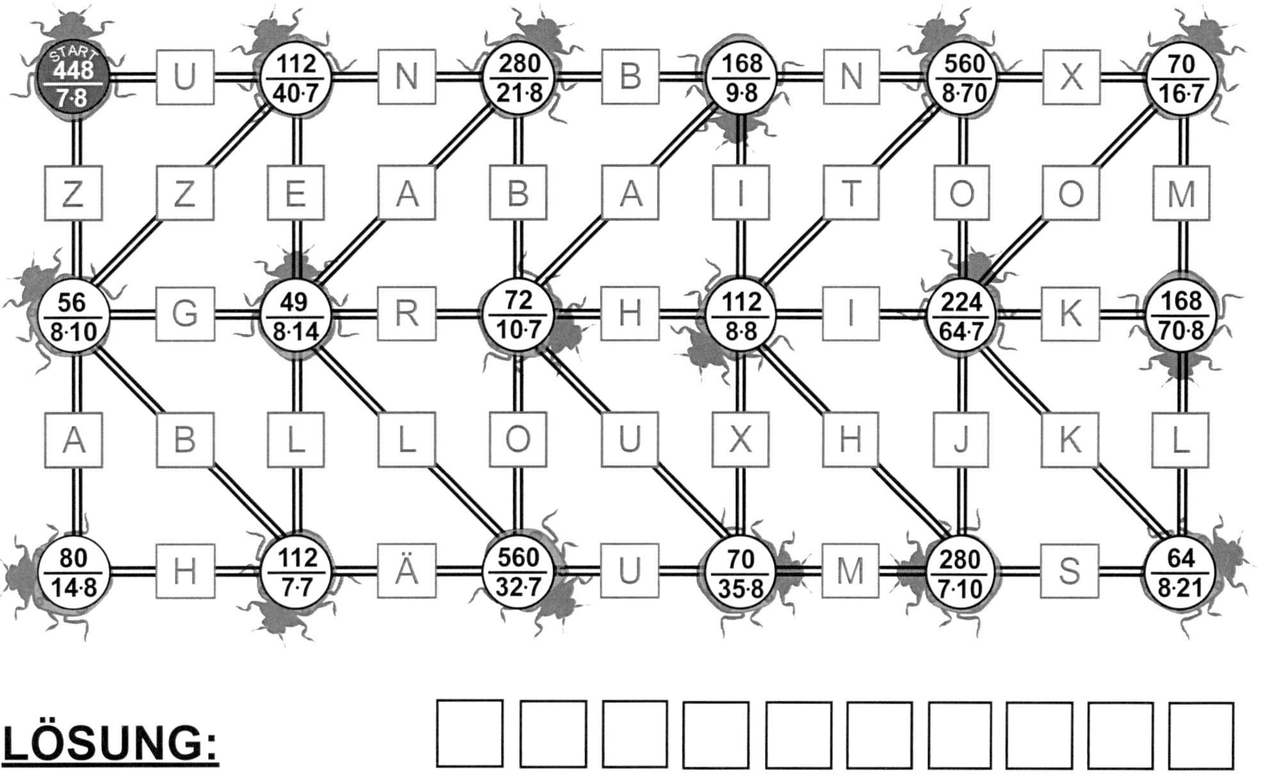

LÖSUNG:

1x1 Labyrinth der Kombination der 2er-/5er-Reihe

Wer findet den Weg durch das Labyrinth? Folge den Zahlen des Einmaleins der 2er- und 5er-Reihe. Die Buchstaben auf dem richtigen Weg ergeben ein Lösungswort, das du unten eintragen kannst.

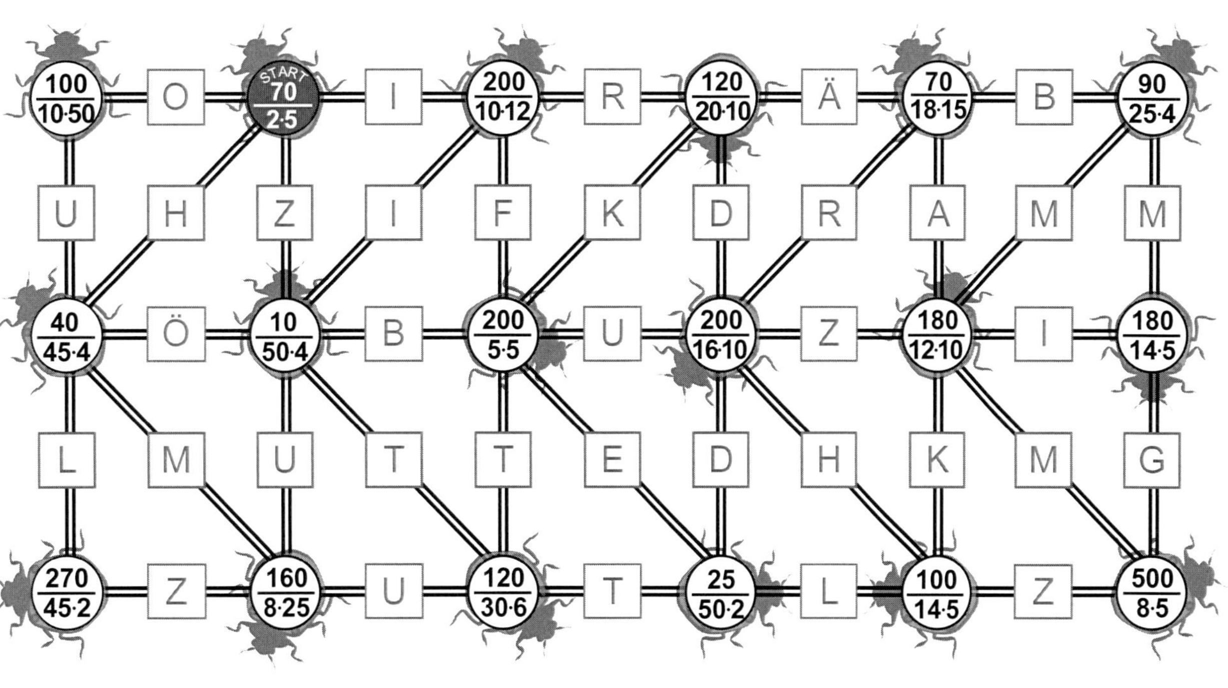

LÖSUNG:

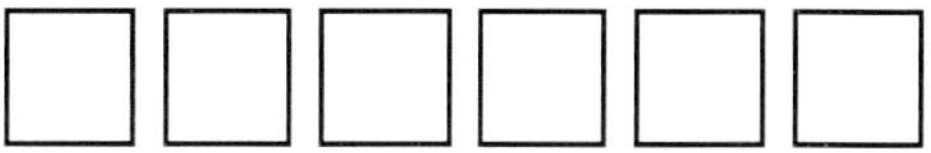

Das Einmaleins-Mathe-Labyrinth
Spannende Knobelaufgaben für Schlaumeier – Bestell-Nr. 11 325
KOHL VERLAG

1x1 Labyrinth der Kombination der 12er-/16er-Reihe

Wer findet den Weg durch das Labyrinth? Folge den Zahlen des Einmaleins der 12er- und 16er-Reihe. Die Buchstaben auf dem richtigen Weg ergeben ein Lösungswort, das du unten eintragen kannst.

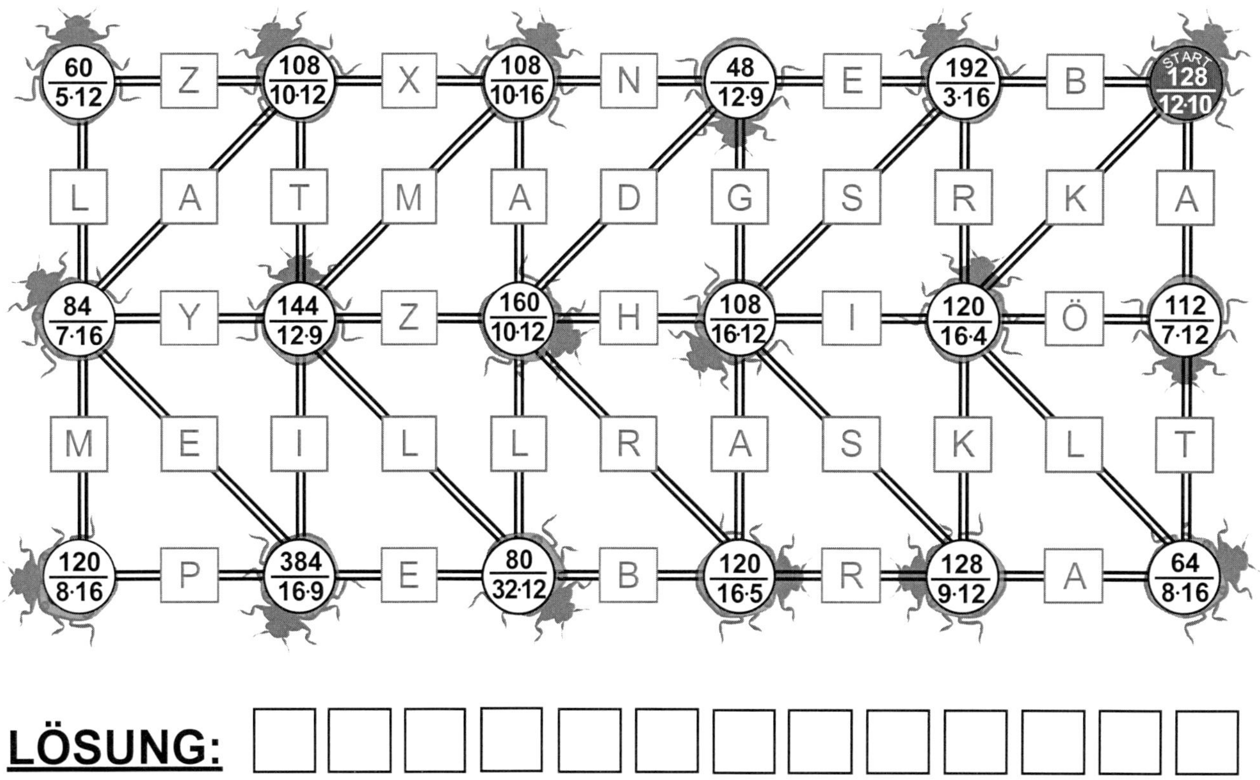

LÖSUNG: ☐☐☐☐☐☐☐☐☐☐☐☐☐

1x1 Labyrinth der Kombination der 12er-/18er-Reihe

Wer findet den Weg durch das Labyrinth? Folge den Zahlen des Einmaleins der 12er- und 18er-Reihe. Die Buchstaben auf dem richtigen Weg ergeben ein Lösungswort, das du unten eintragen kannst.

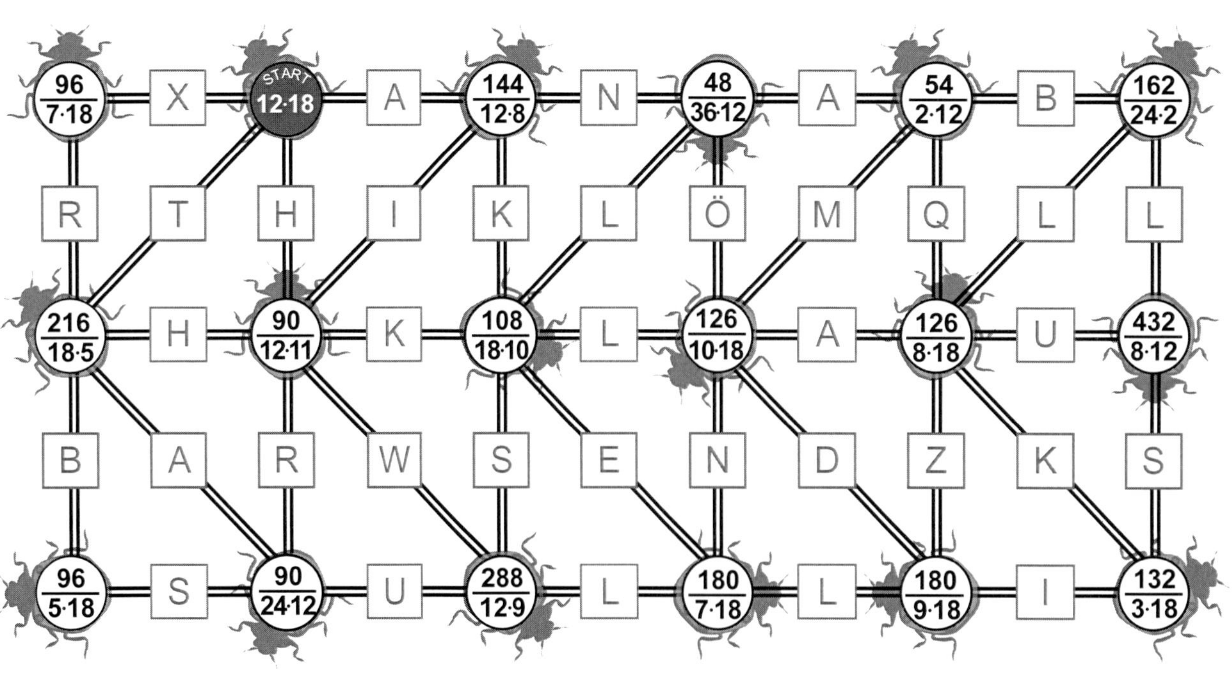

LÖSUNG: ☐☐☐☐☐☐☐

1x1 Labyrinth der Kombination der 17er-/13er-Reihe

Wer findet den Weg durch das Labyrinth? Folge den Zahlen des Einmaleins der 17er- und 13er-Reihe. Die Buchstaben auf dem richtigen Weg ergeben ein Lösungswort, das du unten eintragen kannst.

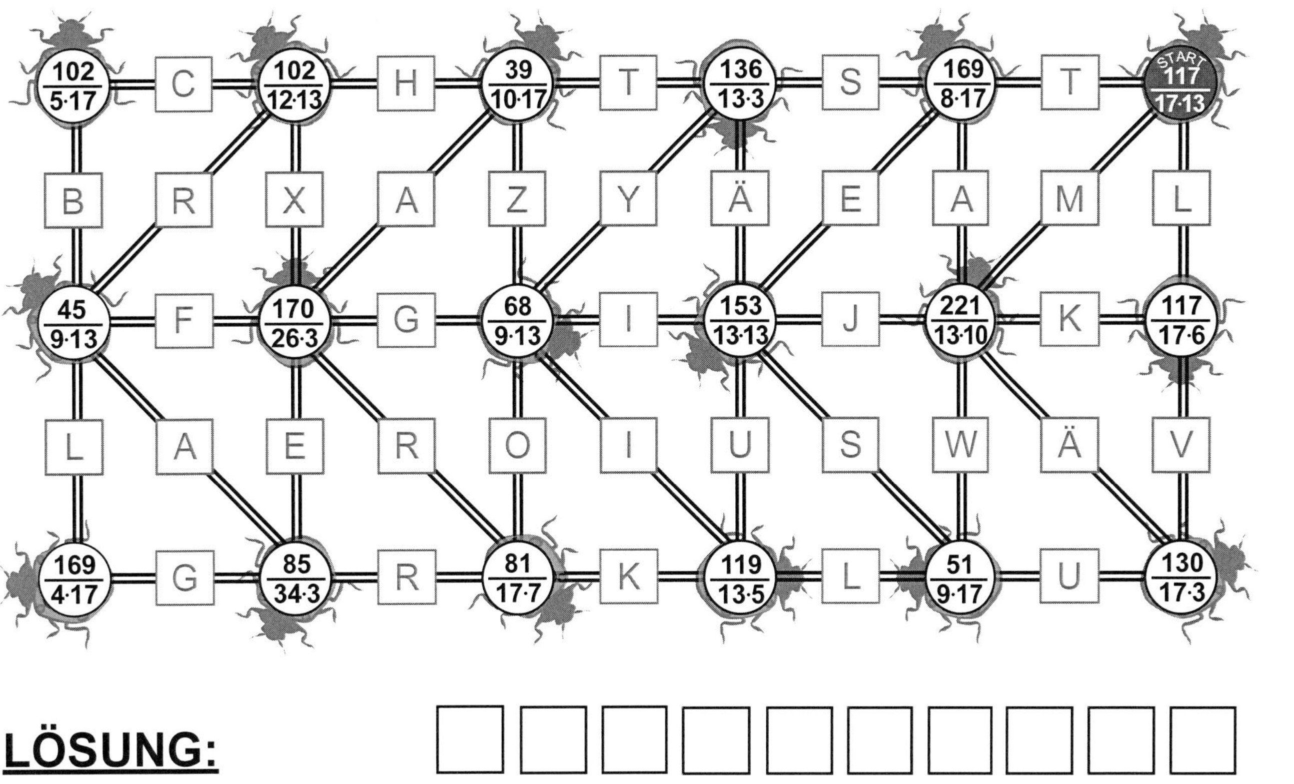

LÖSUNG: | | | | | | | | | |

1x1 Labyrinth der Kombination der 11er-/13er-Reihe

Wer findet den Weg durch das Labyrinth? Folge den Zahlen des Einmaleins der 11er- und 13er-Reihe. Die Buchstaben auf dem richtigen Weg ergeben ein Lösungswort, das du unten eintragen kannst.

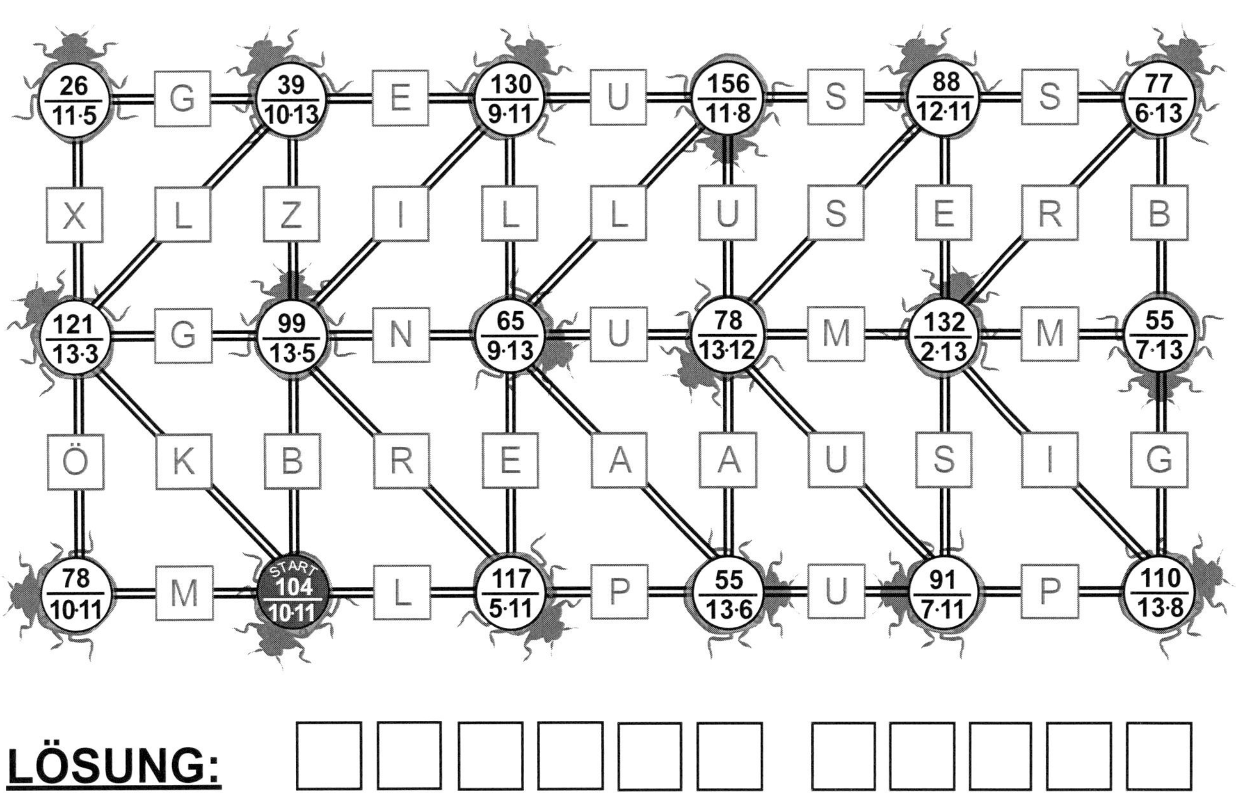

LÖSUNG: | | | | | | | | | | |

Das Einmaleins-Mathe-Labyrinth
Spannende Knobelaufgaben für Schlaumeier – Bestell-Nr. 11 325
KOHL VERLAG

1x1 Labyrinth der Kombination der 18er-/19er-Reihe

Wer findet den Weg durch das Labyrinth? Folge den Zahlen des Einmaleins der 18er- und 19er-Reihe. Die Buchstaben auf dem richtigen Weg ergeben ein Lösungswort, das du unten eintragen kannst.

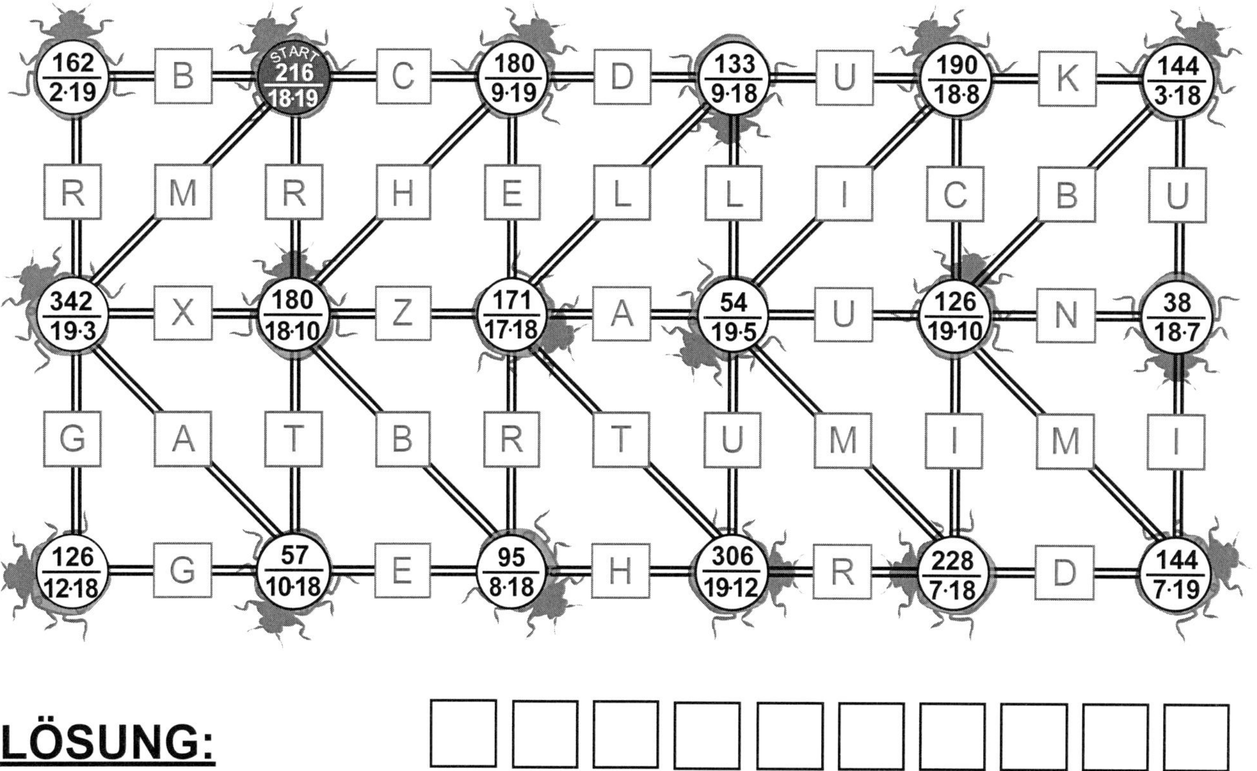

LÖSUNG: ☐☐☐☐☐☐☐☐☐☐

1x1 Labyrinth der Kombination der 16er-/17er-Reihe

Wer findet den Weg durch das Labyrinth? Folge den Zahlen des Einmaleins der 16er- und 17er-Reihe. Die Buchstaben auf dem richtigen Weg ergeben ein Lösungswort, das du unten eintragen kannst.

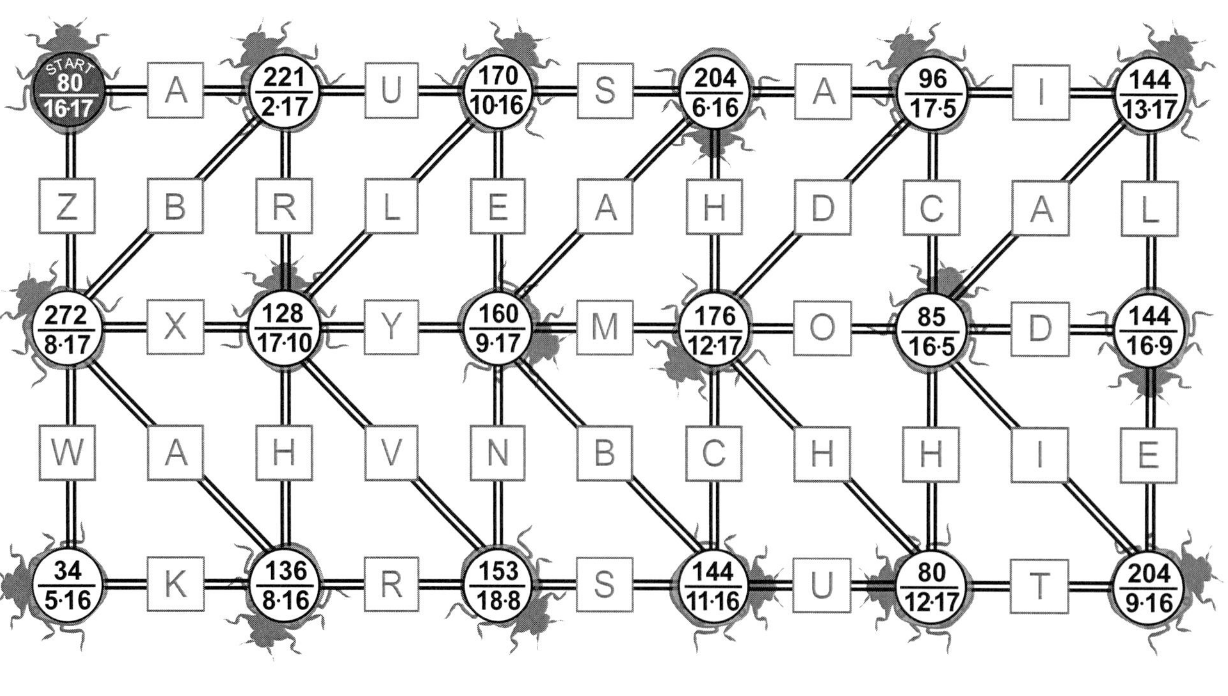

LÖSUNG: ☐☐☐☐☐☐☐☐☐☐☐☐☐☐☐

Das Einmaleins-Mathe-Labyrinth
Spannende Knobelaufgaben für Schlaumeier – Bestell-Nr. 11 325
KOHL VERLAG

1x1 Labyrinth der Kombination der 15er-/20er-/25er-Reihe

Wer findet den Weg durch das Labyrinth? Folge den Zahlen des Einmaleins der 15er-, 20er, 25er-Reihe. Die Buchstaben auf dem richtigen Weg ergeben ein Lösungswort, das du unten eintragen kannst.

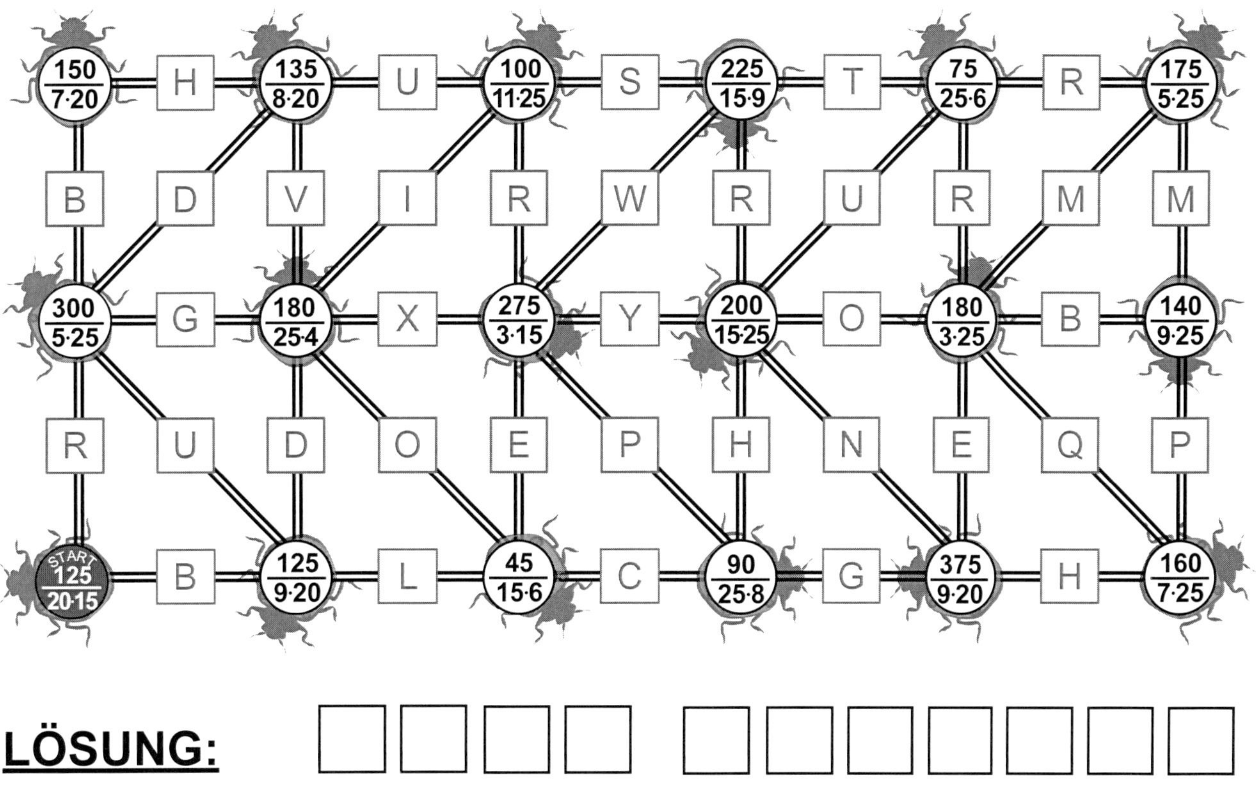

LÖSUNG:

Das Einmaleins-Mathe-Labyrinth
Spannende Knobelaufgaben für Schlaumeier – Bestell-Nr. 11 325
KOHL VERLAG

1x1 Labyrinth der Kombination der 15er-/20er-Reihe

Wer findet den Weg durch das Labyrinth? Folge den Zahlen des Einmaleins der 15er- und 20er-Reihe. Die Buchstaben auf dem richtigen Weg ergeben ein Lösungswort, das du unten eintragen kannst.

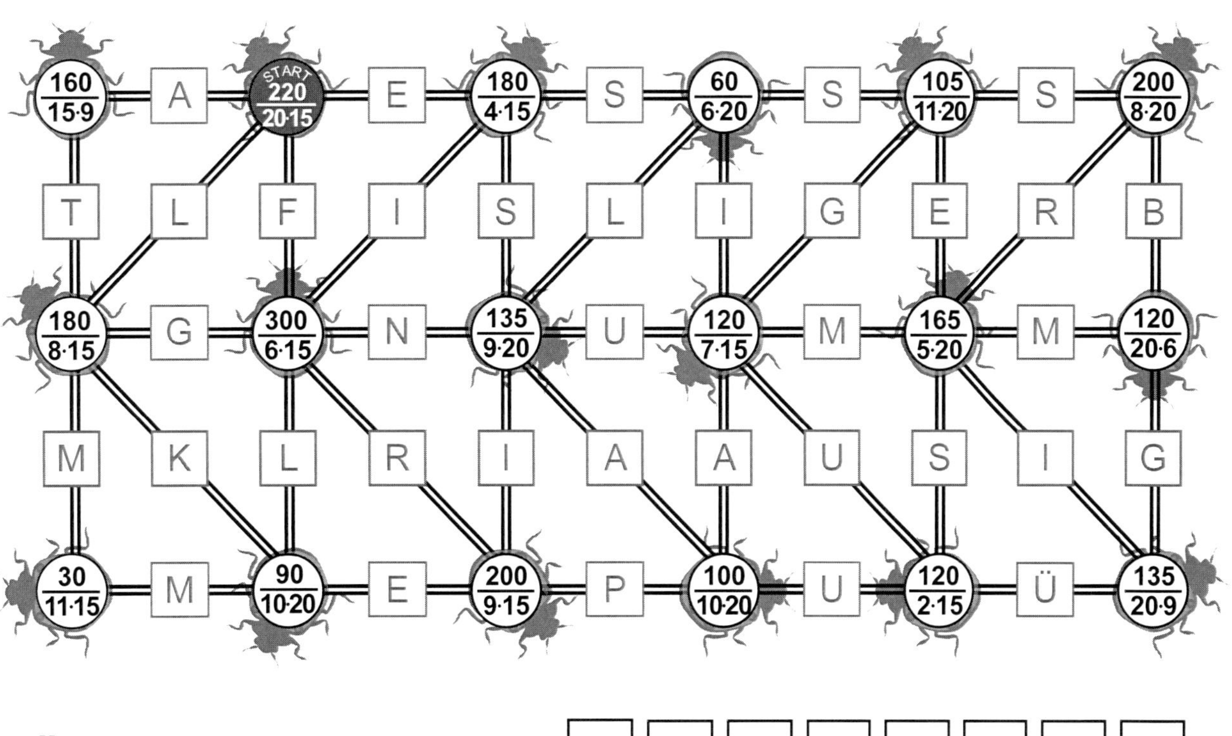

LÖSUNG: 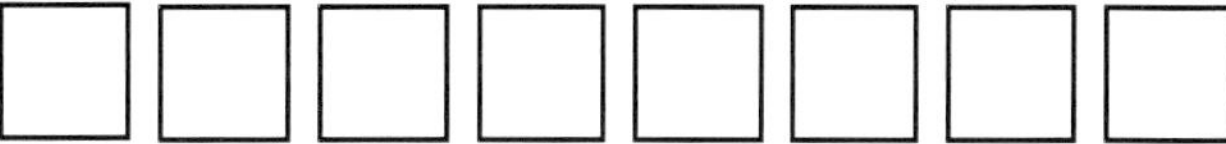

Das Einmaleins-Mathe-Labyrinth
Spannende Knobelaufgaben für Schlaumeier – Bestell-Nr. 11 325
KOHL VERLAG

1x1 Labyrinth der Kombination der 13er-/14er-Reihe

Wer findet den Weg durch das Labyrinth? Folge den Zahlen des Einmaleins der 13er- und 14er-Reihe. Die Buchstaben auf dem richtigen Weg ergeben ein Lösungswort, das du unten eintragen kannst.

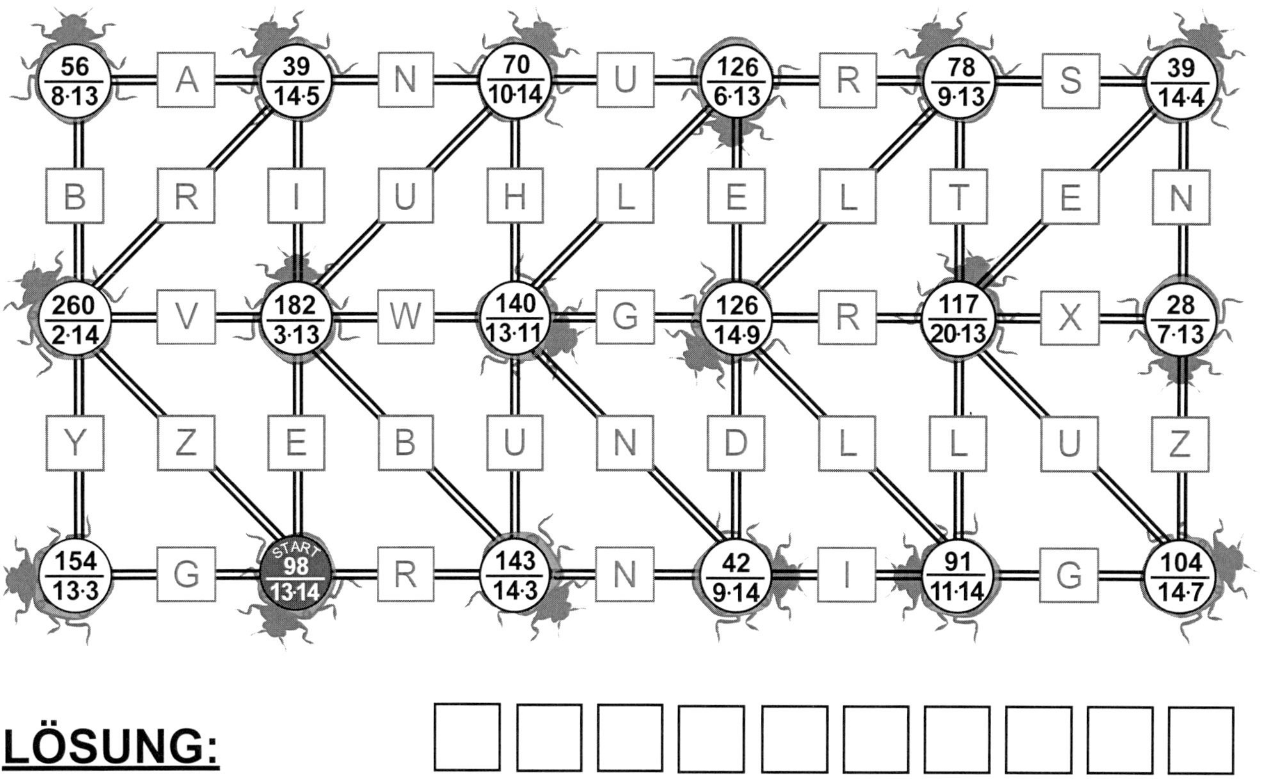

LÖSUNG:

1x1 Labyrinth der Kombination der 11er-/12er-Reihe

Wer findet den Weg durch das Labyrinth? Folge den Zahlen des Einmaleins der 11er- und 12er-Reihe. Die Buchstaben auf dem richtigen Weg ergeben ein Lösungswort, das du unten eintragen kannst.

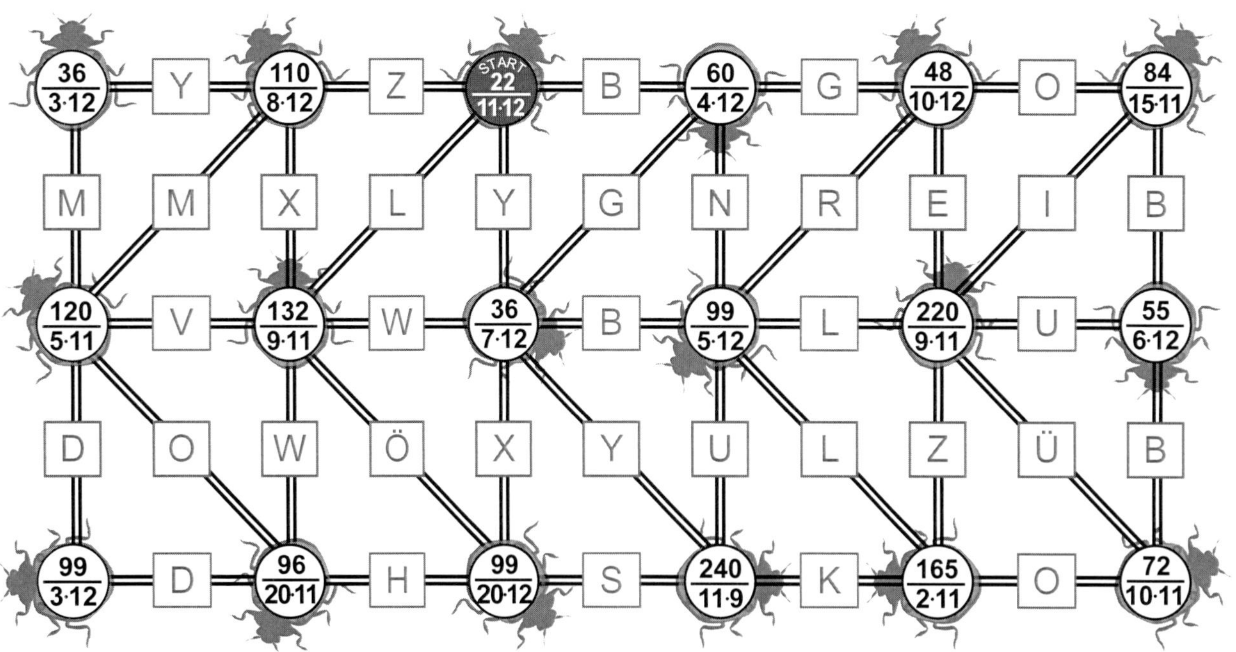

LÖSUNG:

1x1 Labyrinth der Multiplikation 1x1

Wer findet den Weg durch das Labyrinth? Folge den Zahlen durch Multiplikation 1x1.

Die Buchstaben auf dem richtigen Weg ergeben ein Lösungswort, das du unten eintragen kannst.

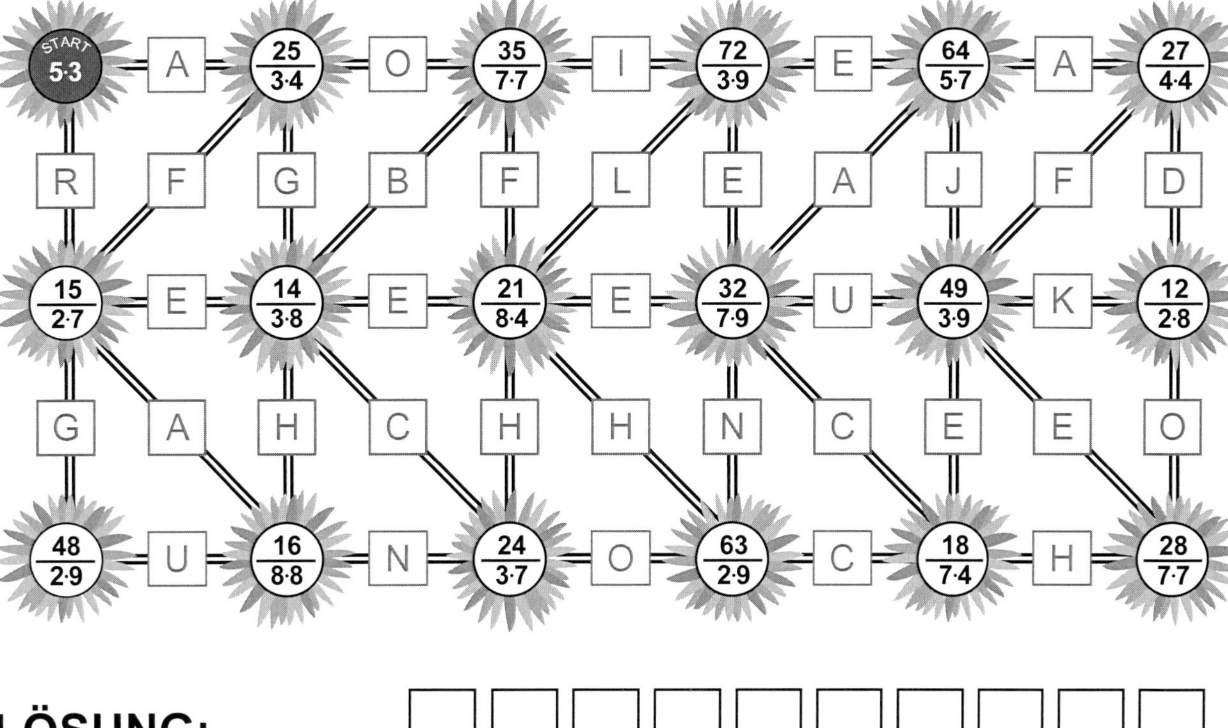

LÖSUNG:

1x1 Labyrinth der Multiplikation 1x1

Wer findet den Weg durch das Labyrinth? Folge den Zahlen durch Multiplikation 1x1.

Die Buchstaben auf dem richtigen Weg ergeben ein Lösungswort, das du unten eintragen kannst.

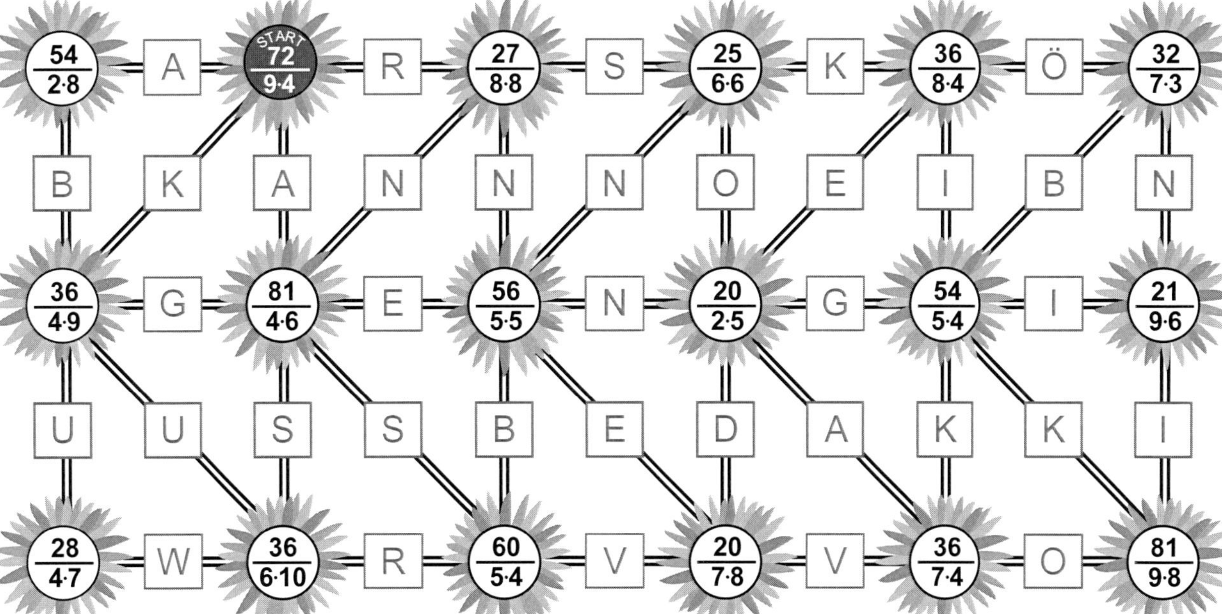

LÖSUNG:

Das Einmaleins-Mathe-Labyrinth
Spannende Knobelaufgaben für Schlaumeier – Bestell-Nr. 11 325
KOHL VERLAG

1x1 Labyrinth der Multiplikation 1x1

Wer findet den Weg durch das Labyrinth? Folge den Zahlen durch Multiplikation 1x1.

Die Buchstaben auf dem richtigen Weg ergeben ein Lösungswort, das du unten eintragen kannst.

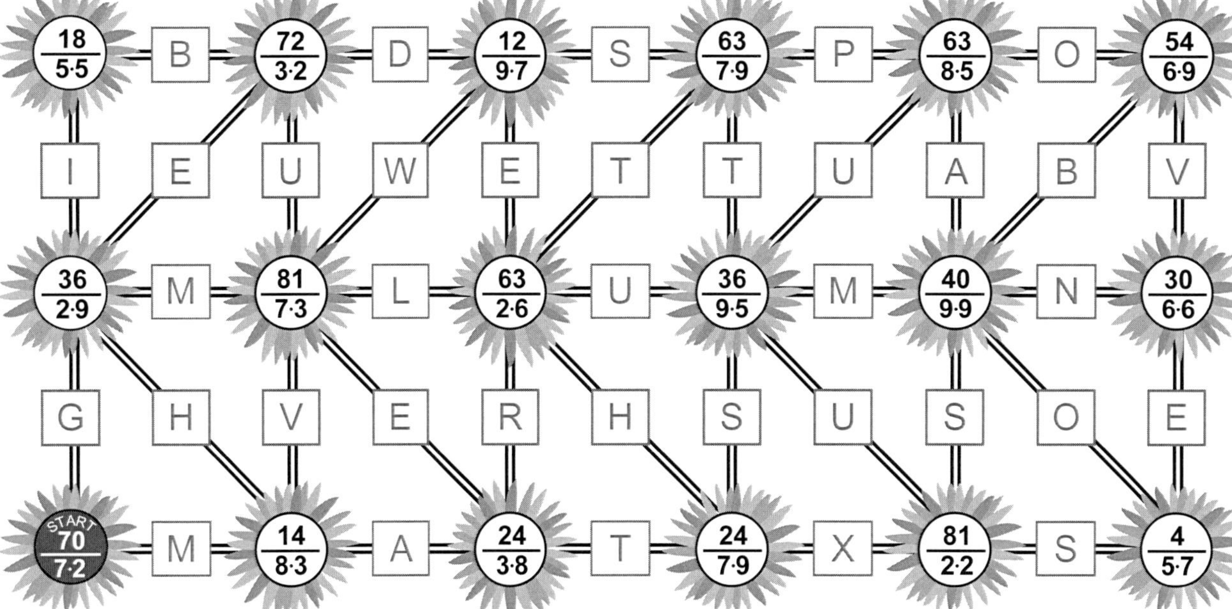

LÖSUNG:

1x1 Labyrinth der Multiplikation 1x1

Wer findet den Weg durch das Labyrinth? Folge den Zahlen durch Multiplikation 1x1.

Die Buchstaben auf dem richtigen Weg ergeben ein Lösungswort, das du unten eintragen kannst.

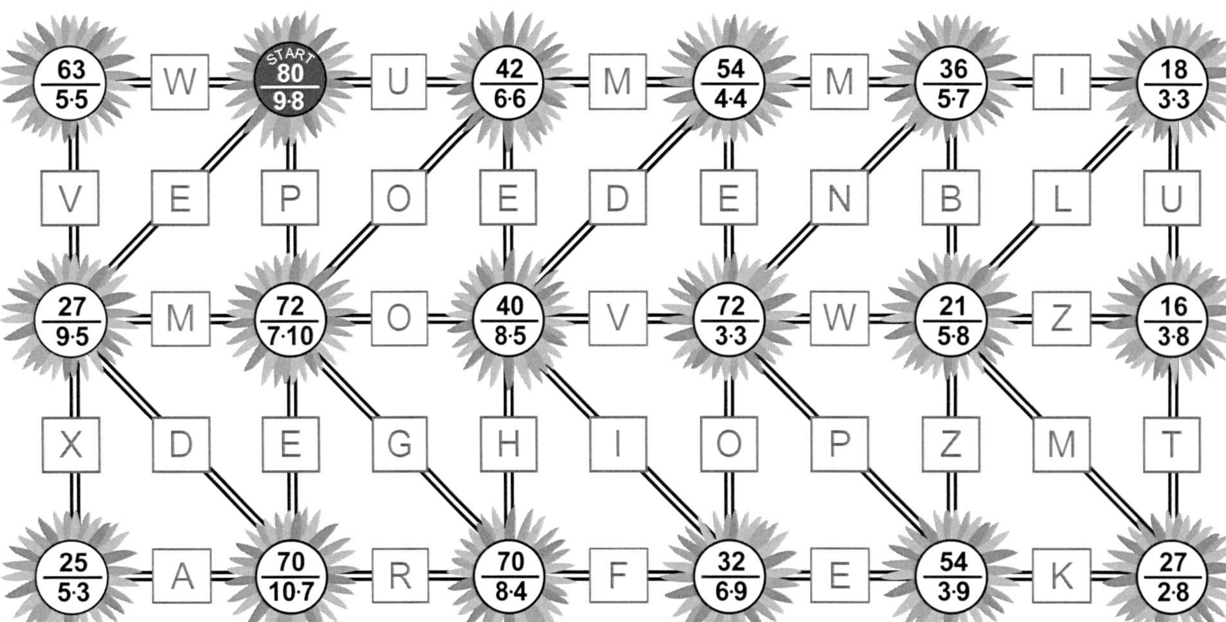

LÖSUNG:

KOHL VERLAG Das Einmaleins-Mathe-Labyrinth

1x1 Labyrinth der Multiplikation 1x1

Wer findet den Weg durch das Labyrinth? Folge den Zahlen durch Multiplikation 1x1.

Die Buchstaben auf dem richtigen Weg ergeben ein Lösungswort, das du unten eintragen kannst.

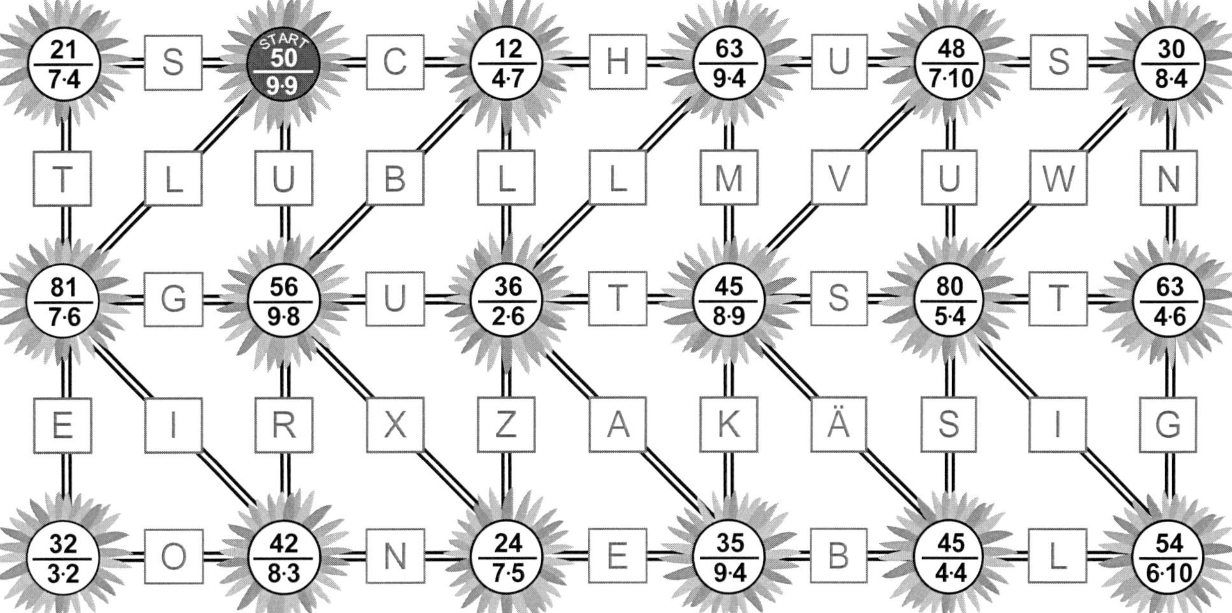

LÖSUNG:

1x1 Labyrinth der Multiplikation 1x1

Wer findet den Weg durch das Labyrinth? Folge den Zahlen durch Multiplikation 1x1.

Die Buchstaben auf dem richtigen Weg ergeben ein Lösungswort, das du unten eintragen kannst.

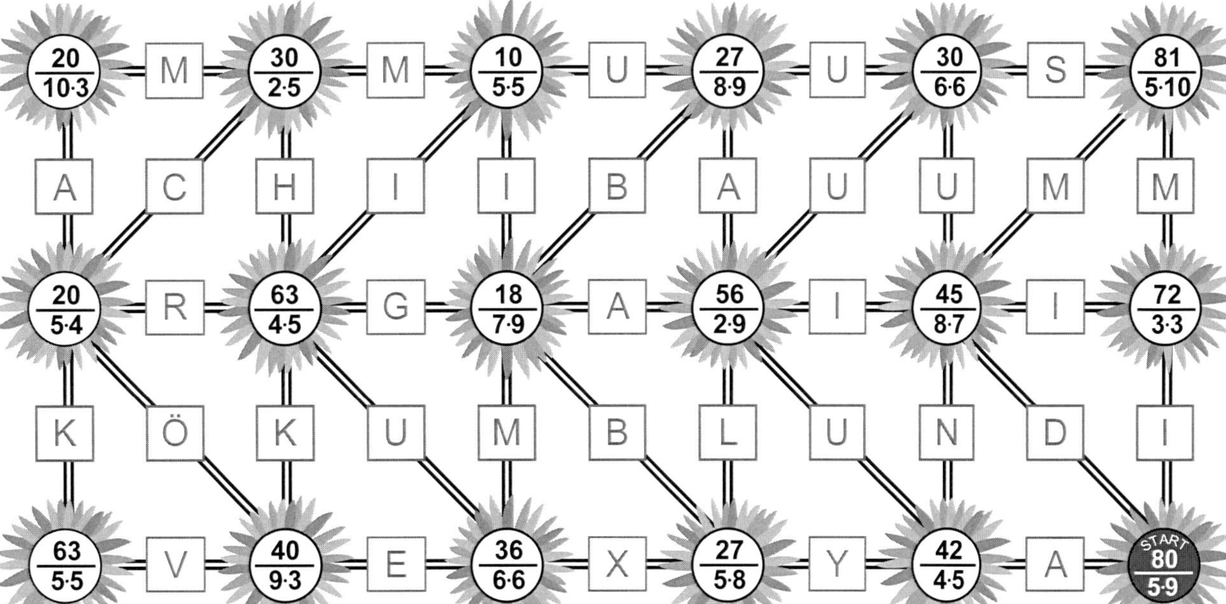

LÖSUNG:

Das Einmaleins-Mathe-Labyrinth
Spannende Knobelaufgaben für Schlaumeier – Bestell-Nr. 11 325
KOHL VERLAG

1x1 Labyrinth der Multiplikation 1x1

Wer findet den Weg durch das Labyrinth? Folge den Zahlen durch Multiplikation 1x1.

Die Buchstaben auf dem richtigen Weg ergeben ein Lösungswort, das du unten eintragen kannst.

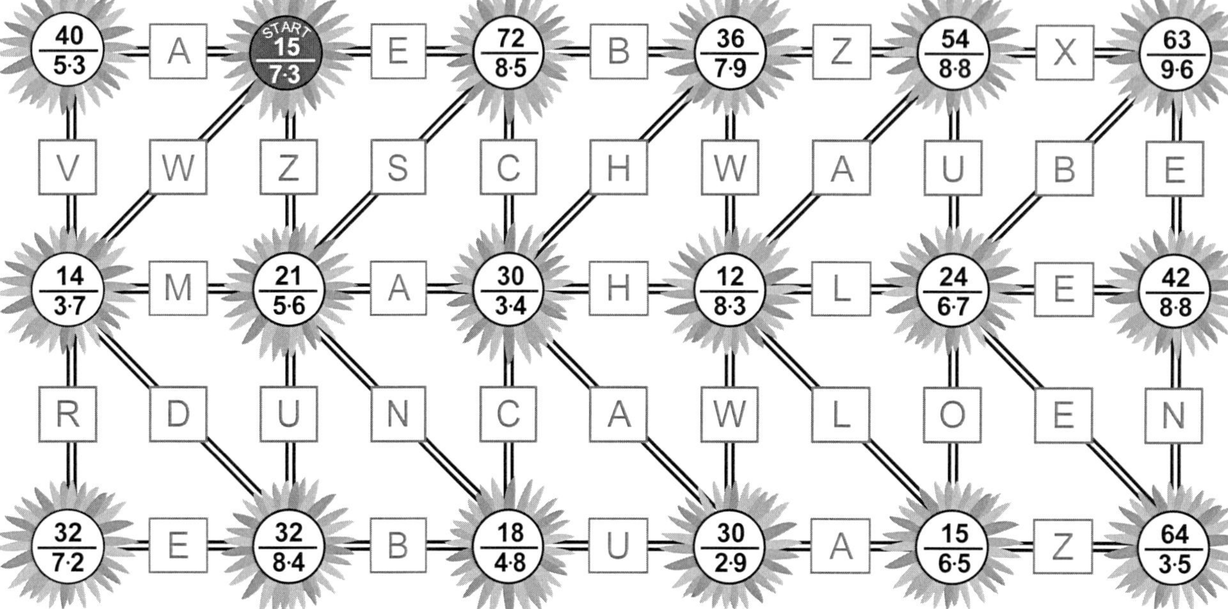

LÖSUNG:

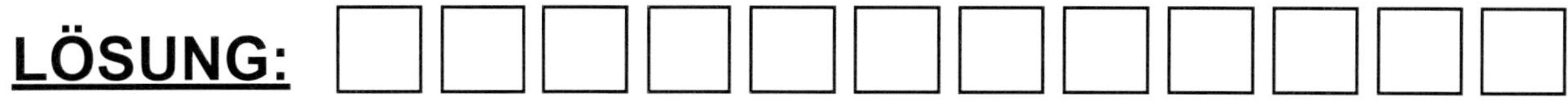

1x1 Labyrinth der Multiplikation 1x1

Wer findet den Weg durch das Labyrinth? Folge den Zahlen durch Multiplikation 1x1.

Die Buchstaben auf dem richtigen Weg ergeben ein Lösungswort, das du unten eintragen kannst.

28 7·7 S 30 7·4 I 54 5·6 T 25 9·6 U 81 5·7 M START 100 8·8

C H W U T T N A O G I

49 3·8 E 27 8·3 A 36 2·10 T 18 5·5 I 64 5·9 C 30 2·2

H B D J K Ö B A L I N

24 5·9 G 36 2·8 R 90 7·5 U 72 3·8 M 24 2·9 G 45 3·8

LÖSUNG:

1x1 Labyrinth der Multiplikation des großen 1x1 gemischt

Wer findet den Weg durch das Labyrinth? Folge den Zahlen durch Multiplikation des großen 1x1. Die Buchstaben auf dem richtigen Weg ergeben ein Lösungswort, das du unten eintragen kannst.

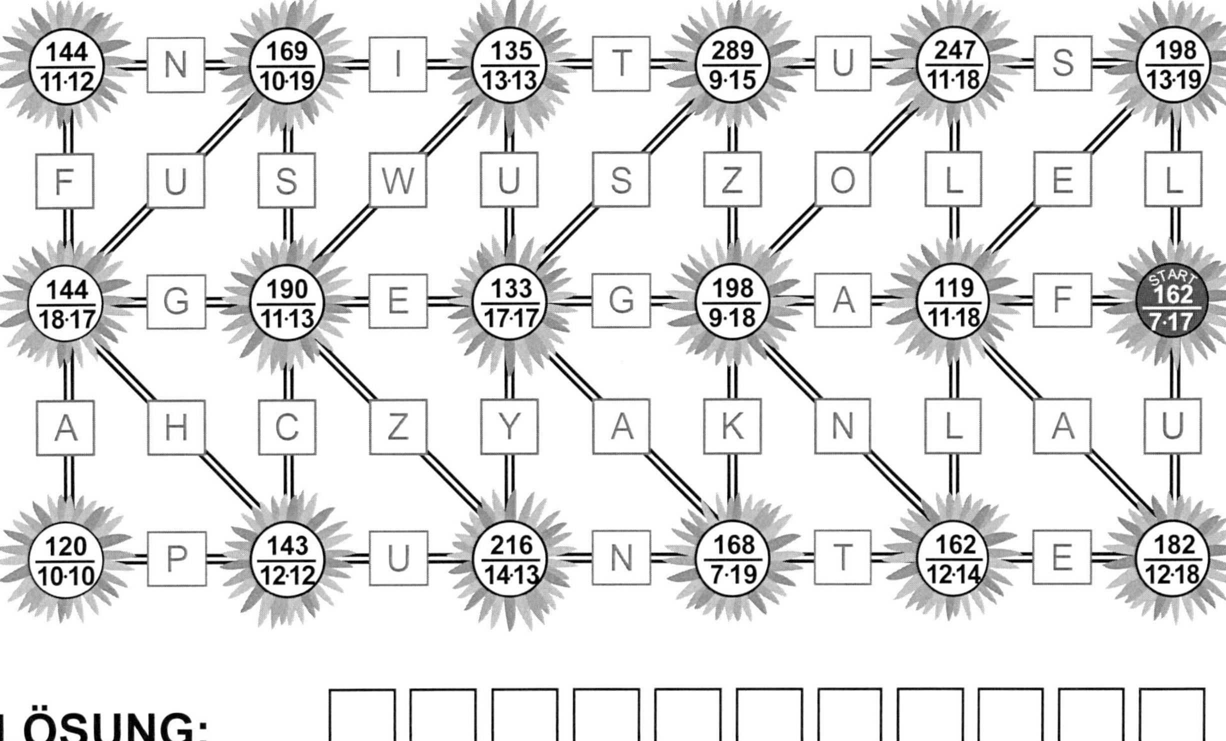

LÖSUNG:

1x1 Labyrinth der Multiplikation des großen 1x1 gemischt

Wer findet den Weg durch das Labyrinth? Folge den Zahlen durch Multiplikation des großen 1x1. Die Buchstaben auf dem richtigen Weg ergeben ein Lösungswort, das du unten eintragen kannst.

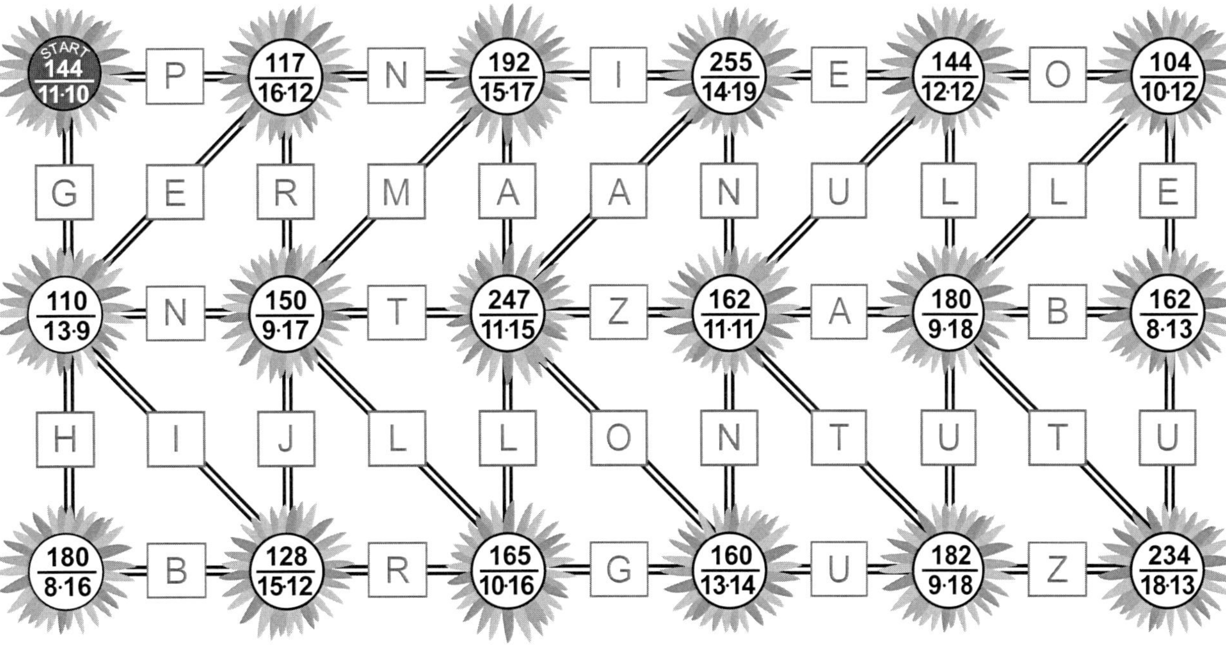

LÖSUNG:

Das Einmaleins-Mathe-Labyrinth
Spannende Knobelaufgaben für Schlaumeier – Bestell-Nr. 11 325
KOHL VERLAG

Das Einmaleins-Mathe-Labyrinth
Spannende Knobelaufgaben für Schlaumeier – Bestell-Nr. 11 325
KOHL VERLAG

1x1 Labyrinth der Multiplikation 1x1

Wer findet den Weg durch das Labyrinth? Folge den Zahlen durch Multiplikation 1x1.

Die Buchstaben auf dem richtigen Weg ergeben ein Lösungswort, das du unten eintragen kannst.

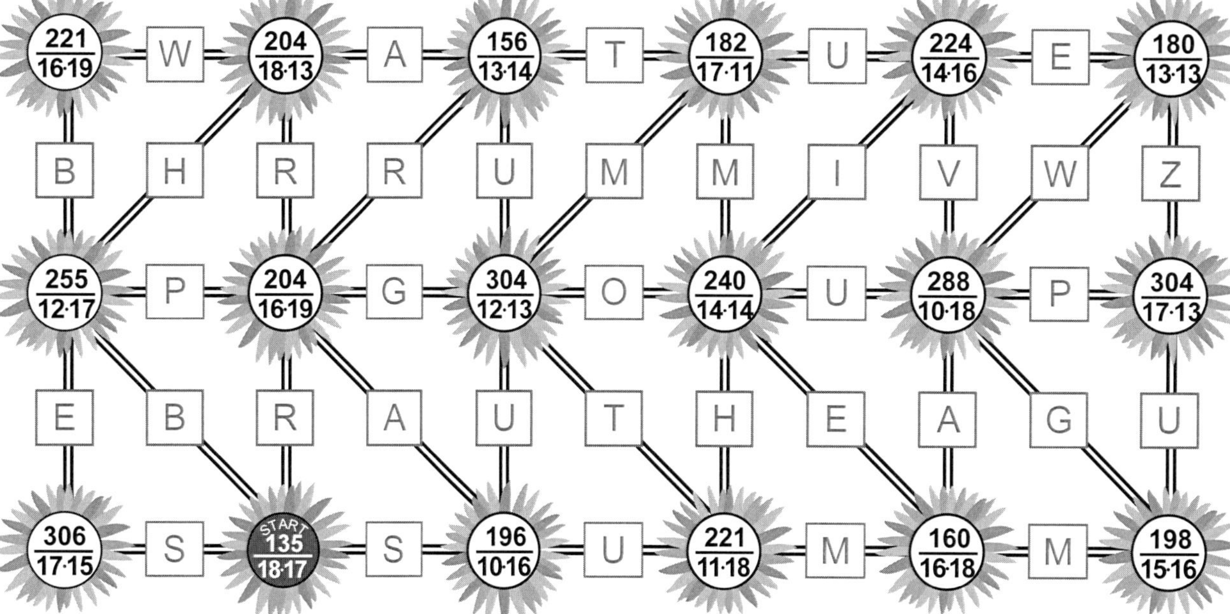

LÖSUNG:

1x1 Labyrinth der Multiplikation 1x1

Wer findet den Weg durch das Labyrinth? Folge den Zahlen durch Multiplikation 1x1.

Die Buchstaben auf dem richtigen Weg ergeben ein Lösungswort, das du unten eintragen kannst.

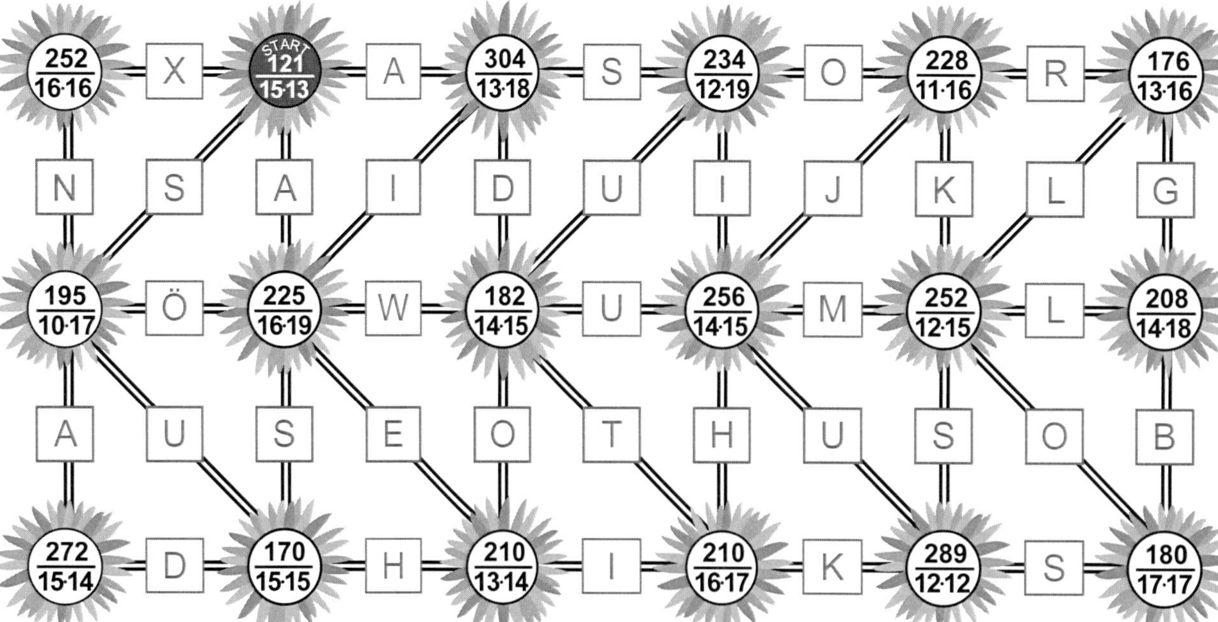

LÖSUNG:

1x1 Labyrinth der Multiplikation des großen 1x1 gemischt

Wer findet den Weg durch das Labyrinth? Folge den Zahlen durch Multiplikation des großen 1x1. Die Buchstaben auf dem richtigen Weg ergeben ein Lösungswort, das du unten eintragen kannst.

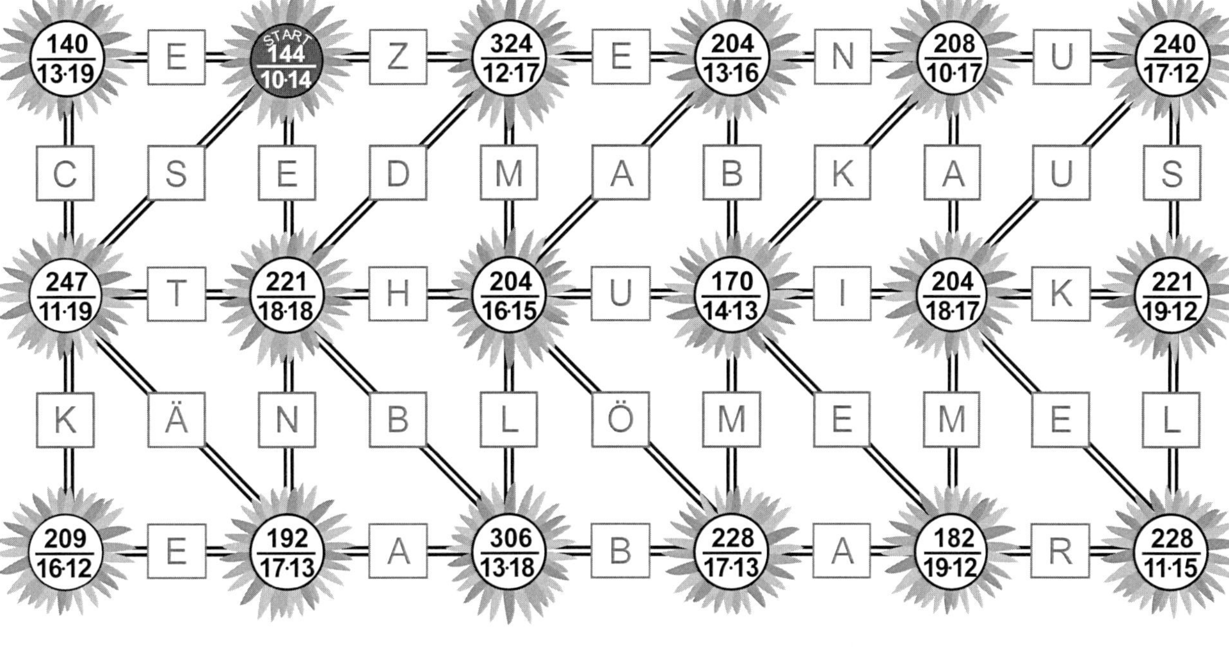

LÖSUNG:

1x1 Labyrinth der Multiplikation des großen 1x1 gemischt

Wer findet den Weg durch das Labyrinth? Folge den Zahlen durch Multiplikation des großen 1x1. Die Buchstaben auf dem richtigen Weg ergeben ein Lösungswort, das du unten eintragen kannst.

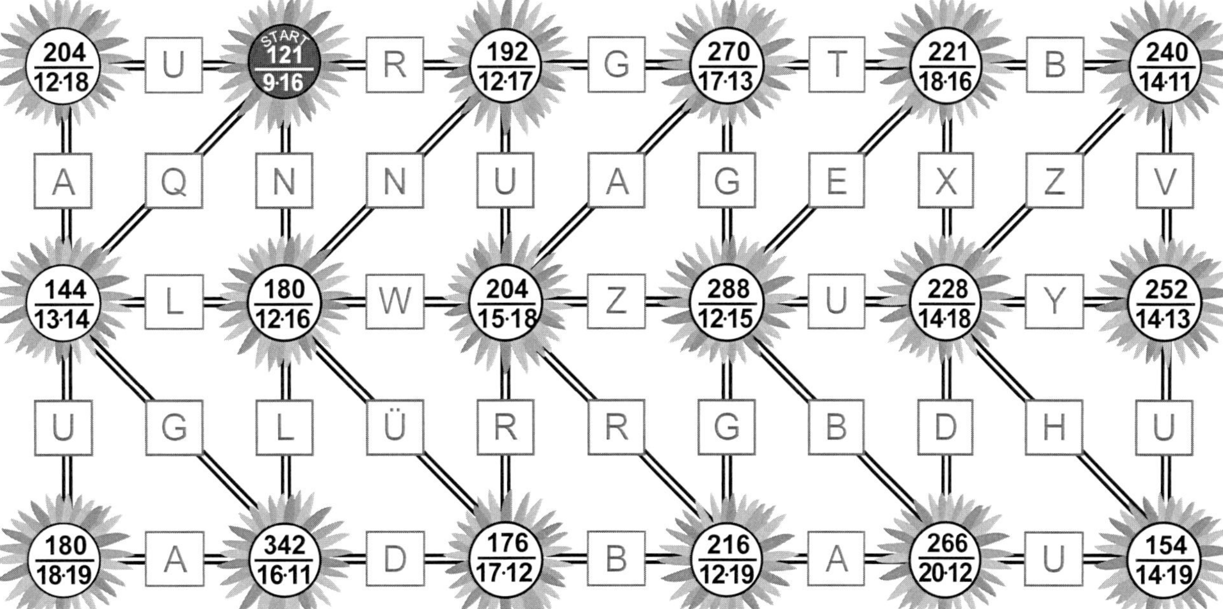

LÖSUNG:

Das Einmaleins-Mathe-Labyrinth
Spannende Knobelaufgaben für Schlaumeier – Bestell-Nr. 11 325
KOHL VERLAG

Das Einmaleins-Mathe-Labyrinth
Spannende Knobelaufgaben für Schlaumeier – Bestell-Nr. 11 325
KOHL VERLAG

1x1 Labyrinth der Multiplikation des großen 1x1 gemischt

Wer findet den Weg durch das Labyrinth? Folge den Zahlen durch Multiplikation des großen 1x1.

Die Buchstaben auf dem richtigen Weg ergeben ein Lösungswort, das du unten eintragen kannst.

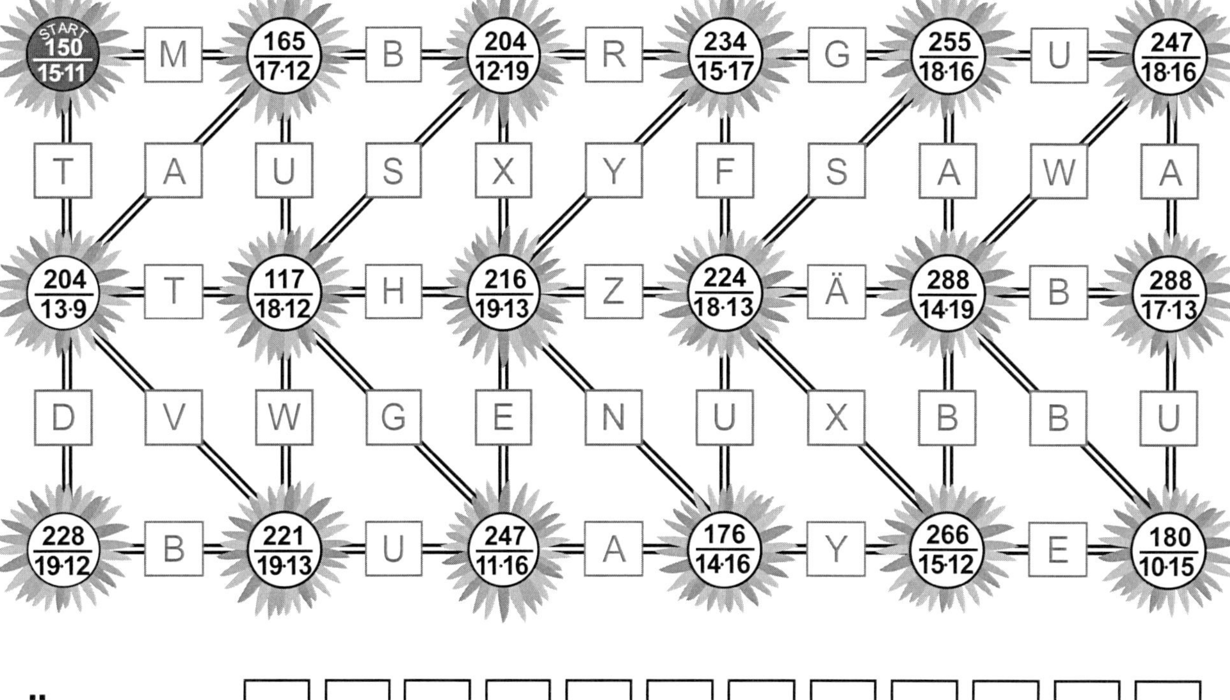

LÖSUNG: ☐☐☐☐☐☐☐☐☐☐☐☐

1x1 Labyrinth der Multiplikation des großen 1x1 gemischt

Wer findet den Weg durch das Labyrinth? Folge den Zahlen durch Multiplikation des großen 1x1.

Die Buchstaben auf dem richtigen Weg ergeben ein Lösungswort, das du unten eintragen kannst.

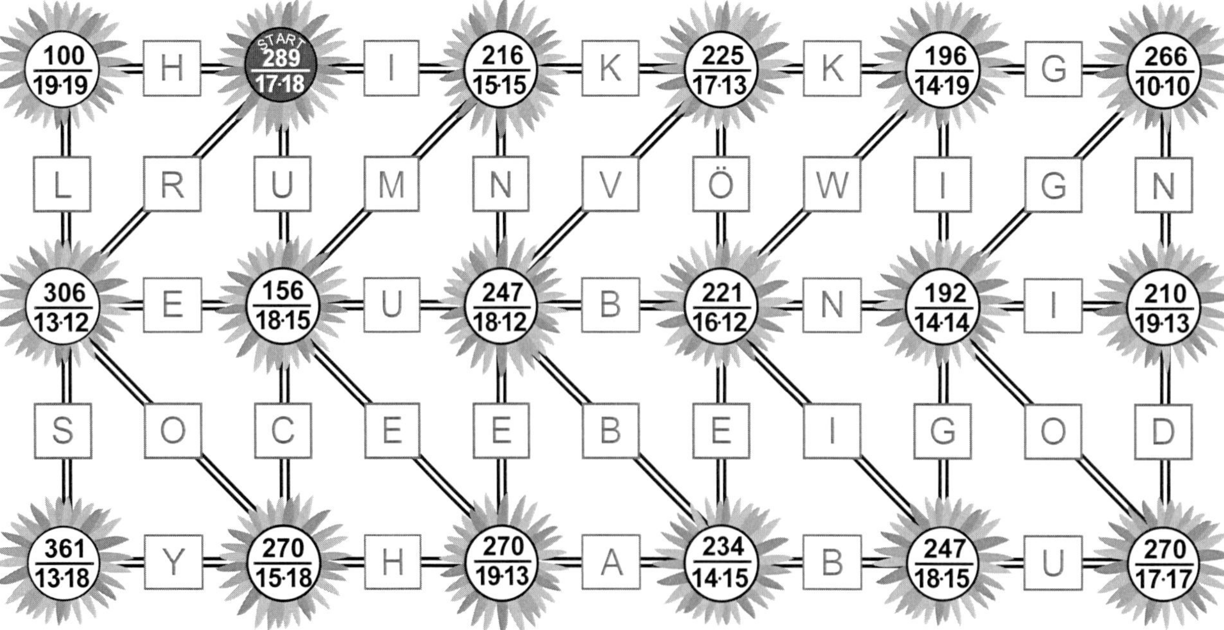

LÖSUNG: ☐☐☐☐☐☐☐☐☐☐☐

1x1 Labyrinth der Multiplikation des kleinen und großen 1x1 2-20+25

Wer findet den Weg durch das Labyrinth? Folge den Zahlen durch Multiplikation des 1x1.

Die Buchstaben auf dem richtigen Weg ergeben ein Lösungswort, das du unten eintragen kannst.

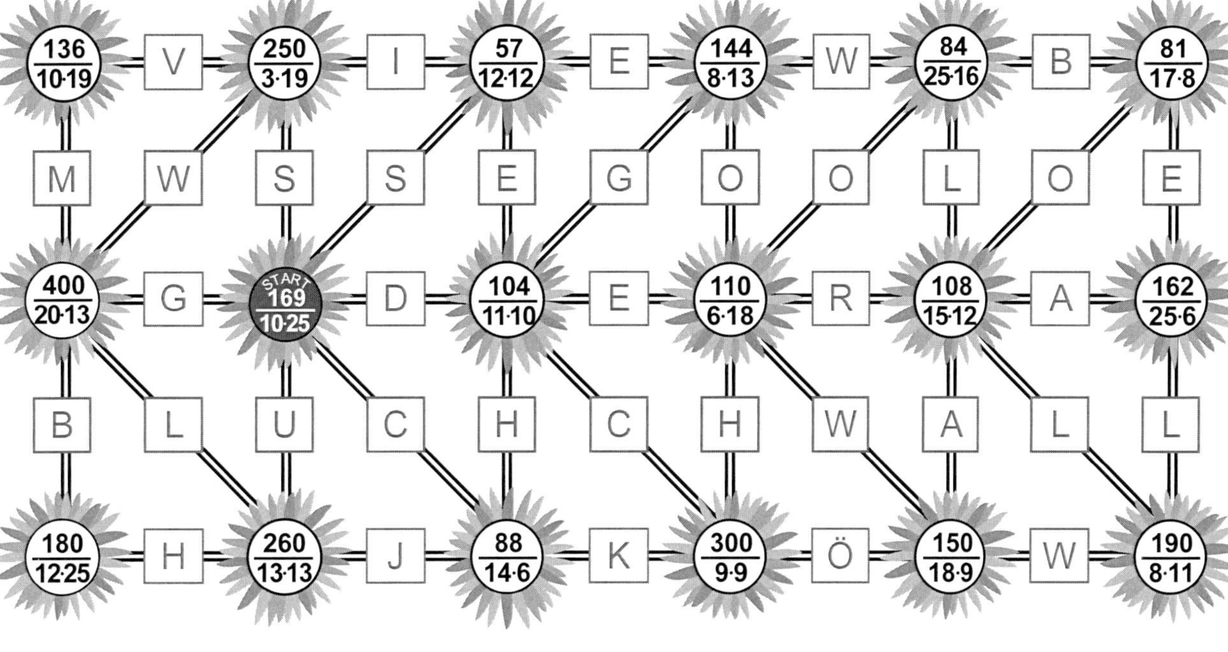

LÖSUNG:

1x1 Labyrinth der Multiplikation des kleinen und großen 1x1 2-20

Wer findet den Weg durch das Labyrinth? Folge den Zahlen durch Multiplikation des 1x1.

Die Buchstaben auf dem richtigen Weg ergeben ein Lösungswort, das du unten eintragen kannst.

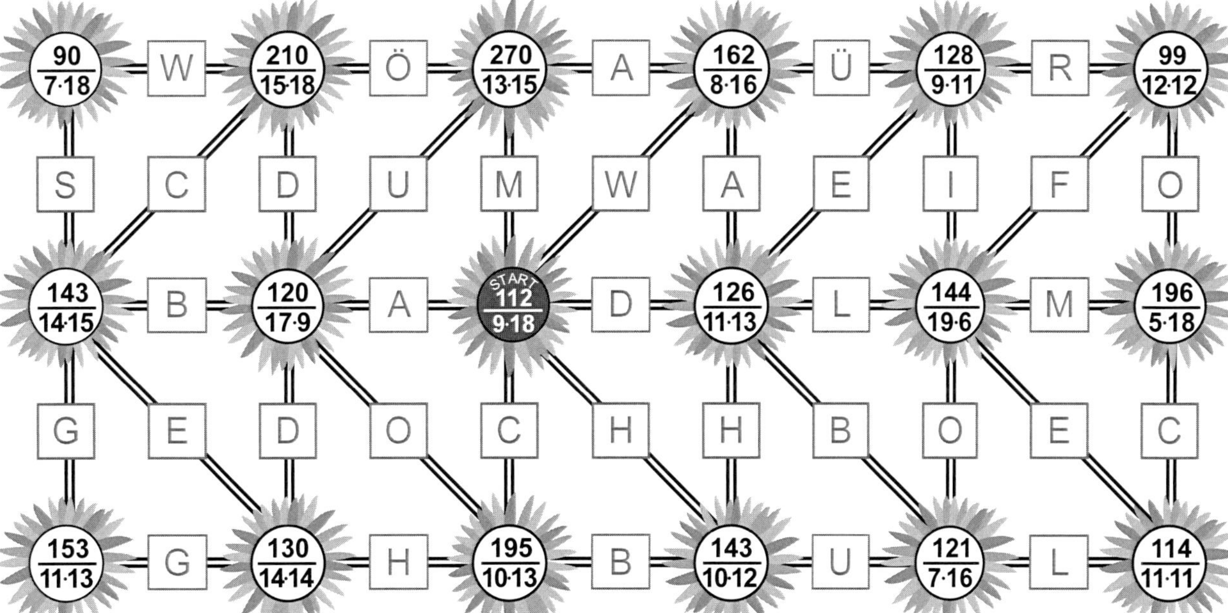

LÖSUNG:

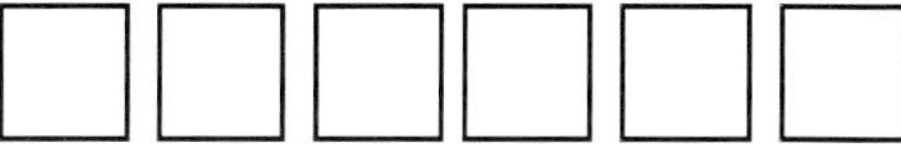

Das Einmaleins-Mathe-Labyrinth
Spannende Knobelaufgaben für Schlaumeier – Bestell-Nr. 11 325
KOHL VERLAG

1x1 Labyrinth der Multiplikation des großen 1x1 11-25

Wer findet den Weg durch das Labyrinth? Folge den Zahlen durch Multiplikation des 1x1.

Die Buchstaben auf dem richtigen Weg ergeben ein Lösungswort, das du unten eintragen kannst.

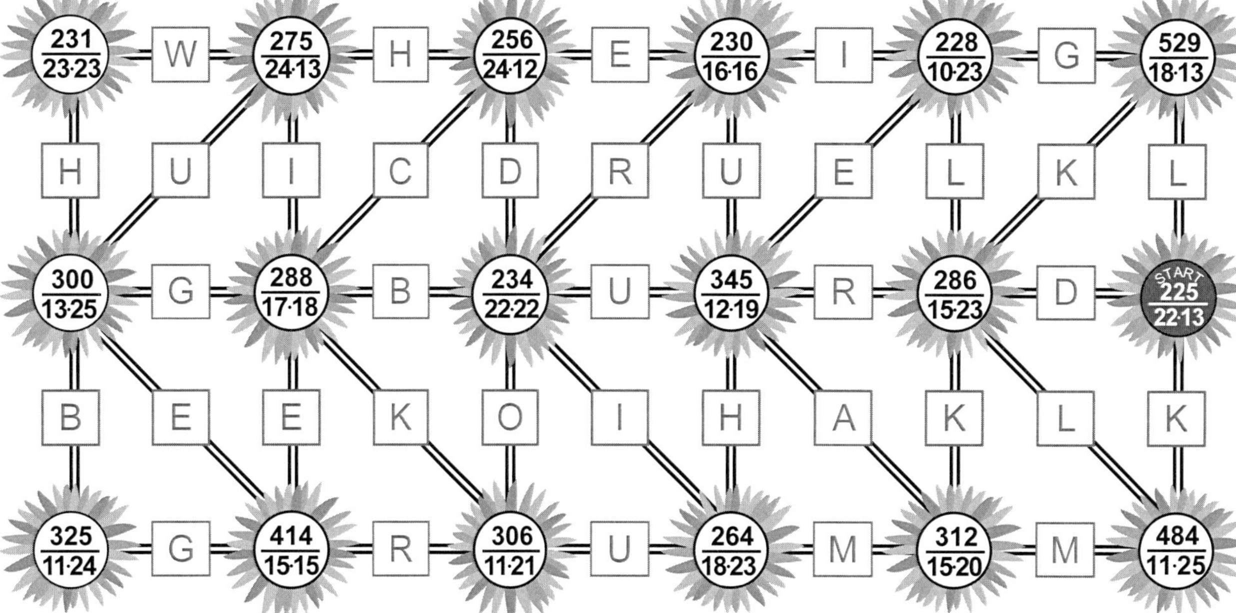

LÖSUNG: ☐☐☐☐☐☐☐

1x1 Labyrinth der Multiplikation des großen 1x1 11-25

Wer findet den Weg durch das Labyrinth? Folge den Zahlen durch Multiplikation des 1x1.

Die Buchstaben auf dem richtigen Weg ergeben ein Lösungswort, das du unten eintragen kannst.

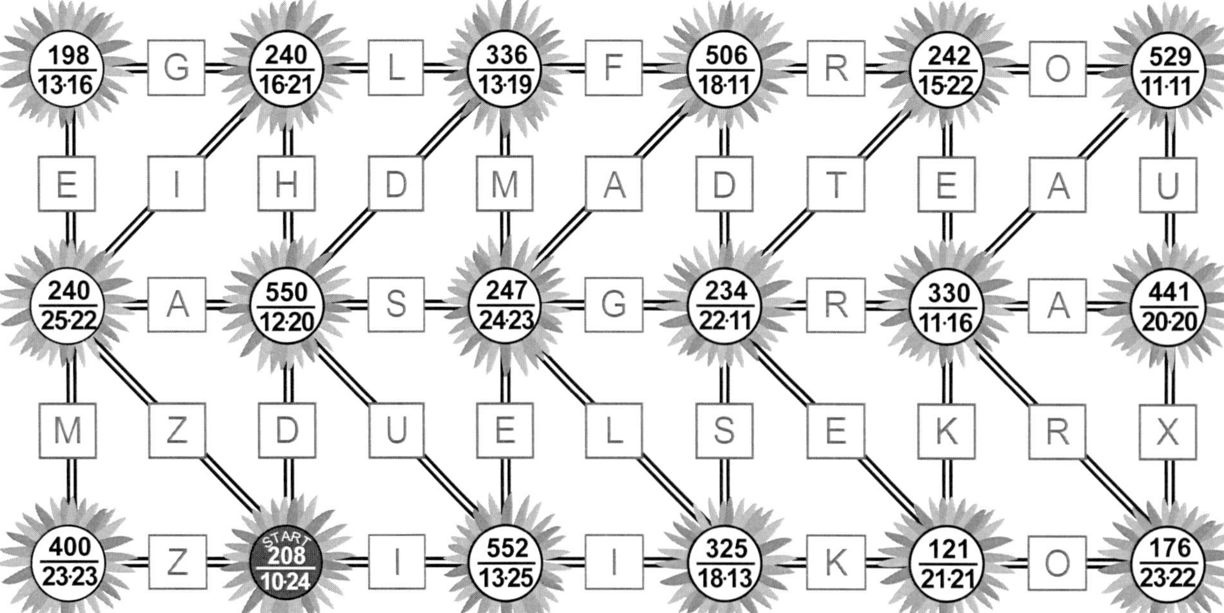

LÖSUNG: ☐☐☐☐☐☐☐☐☐☐☐

Lösung - 1x1 Labyrinth der 2

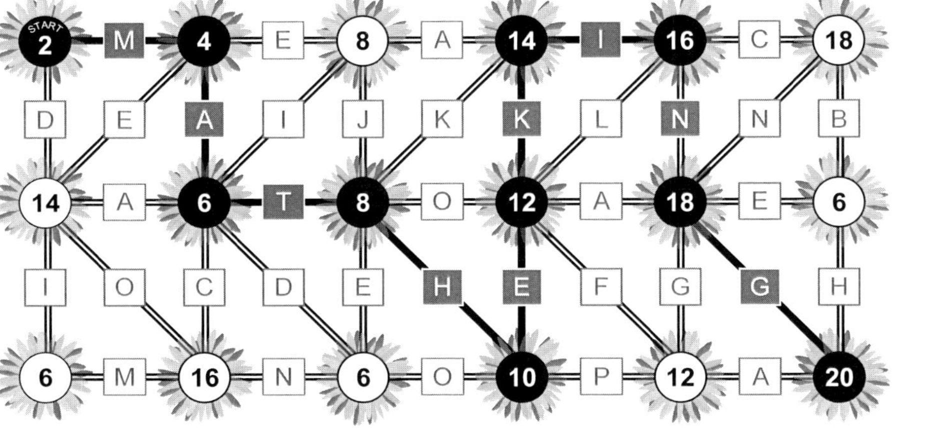

LÖSUNGSWORT: **MATHEKING**

Lösung - 1x1 Labyrinth der 3

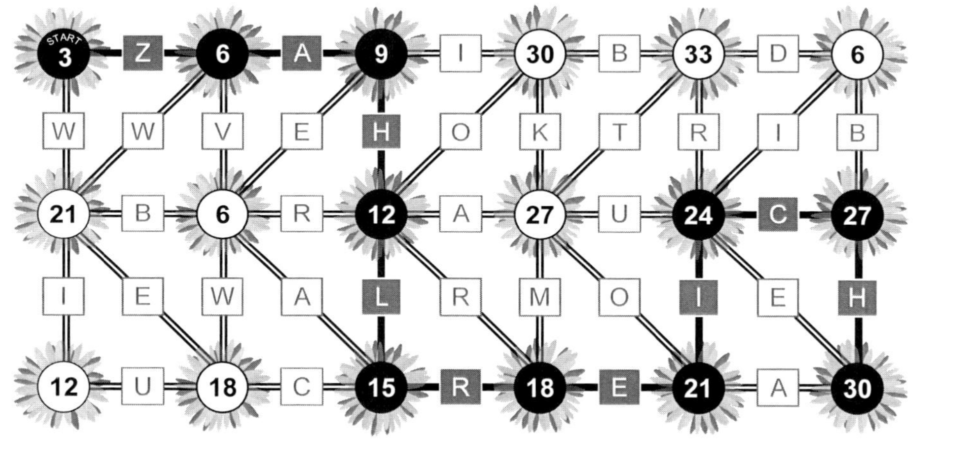

LÖSUNGSWORT: **ZAHLREICH**

Lösung - 1x1 Labyrinth der 4

LÖSUNGSWORT: **TRAUMZAHL**

Lösung - 1x1 Labyrinth der 5

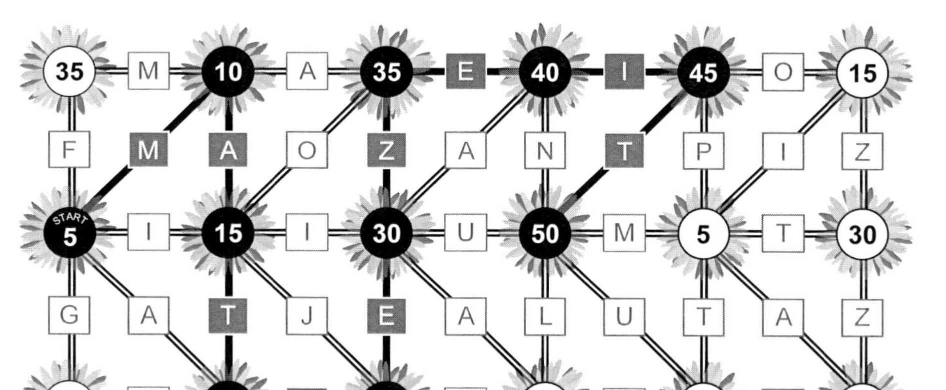

LÖSUNGSWORT: **MATHEZEIT**

Lösung - 1x1 Labyrinth der 6

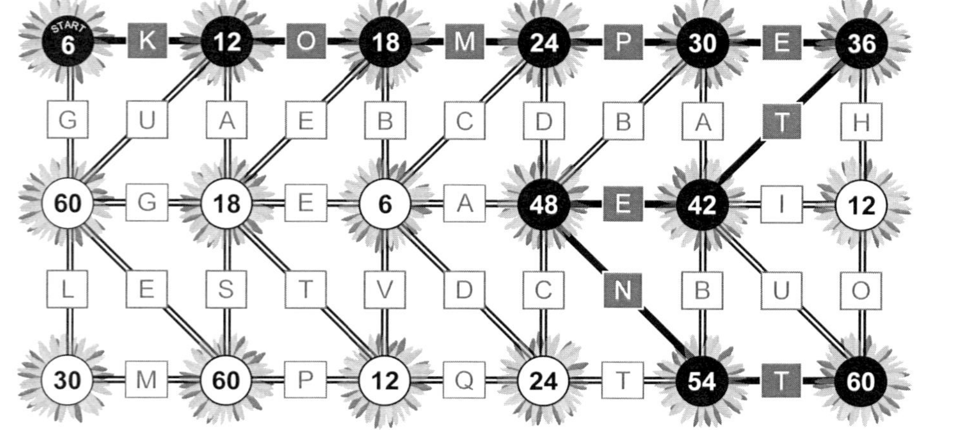

LÖSUNGSWORT: KOMPETENT

Lösung - 1x1 Labyrinth der 7

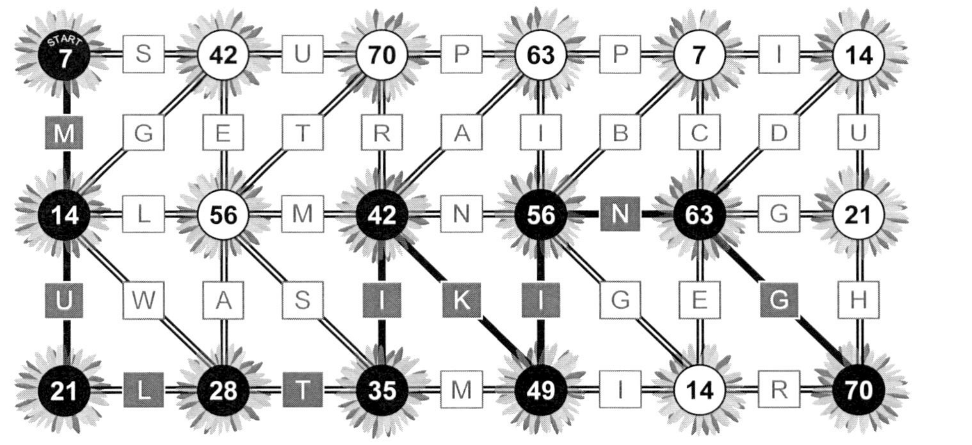

LÖSUNGSWORT: MULTIKING

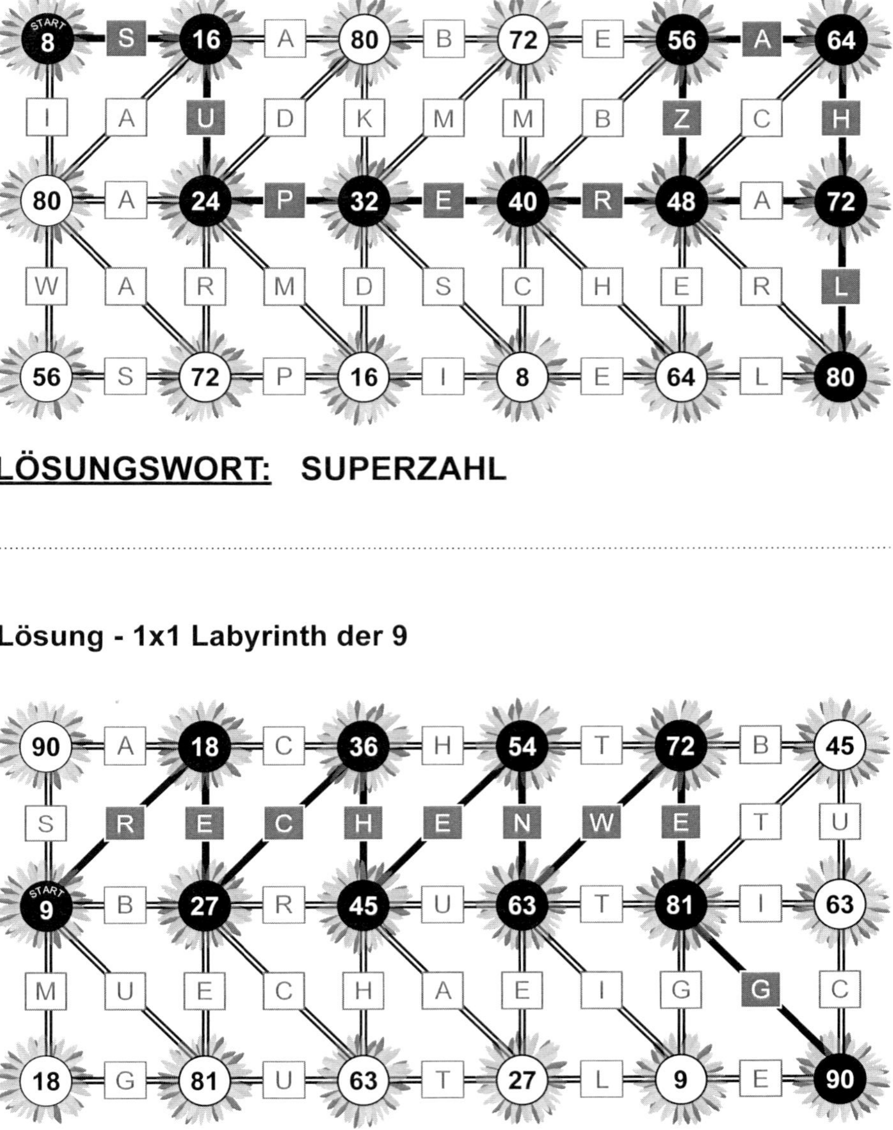

Lösung - 1x1 Labyrinth der 8

LÖSUNGSWORT: SUPERZAHL

Lösung - 1x1 Labyrinth der 9

LÖSUNGSWORT: RECHENWEG

KOHL VERLAG Das Einmaleins-Mathe-Labyrinth
Spannende Knobelaufgaben für Schlaumeier – Bestell-Nr. 11 325

Lösung - 1x1 Labyrinth der 10

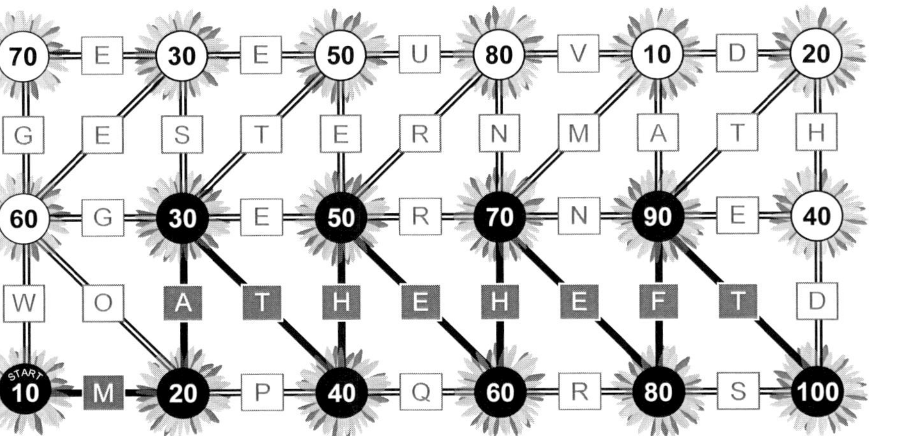

LÖSUNGSWORT: MATHEHEFT

Lösung - 1x1 Labyrinth der 11

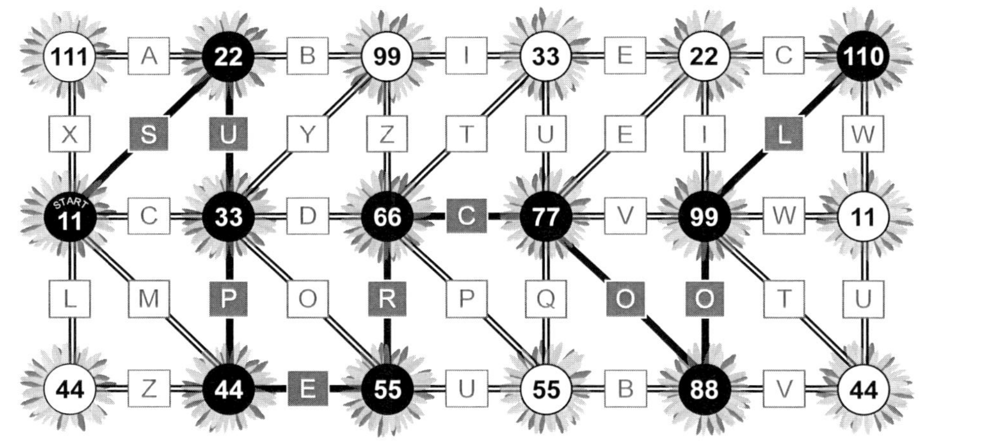

LÖSUNGSWORT: SUPERCOOL

Lösung - 1x1 Labyrinth der 12

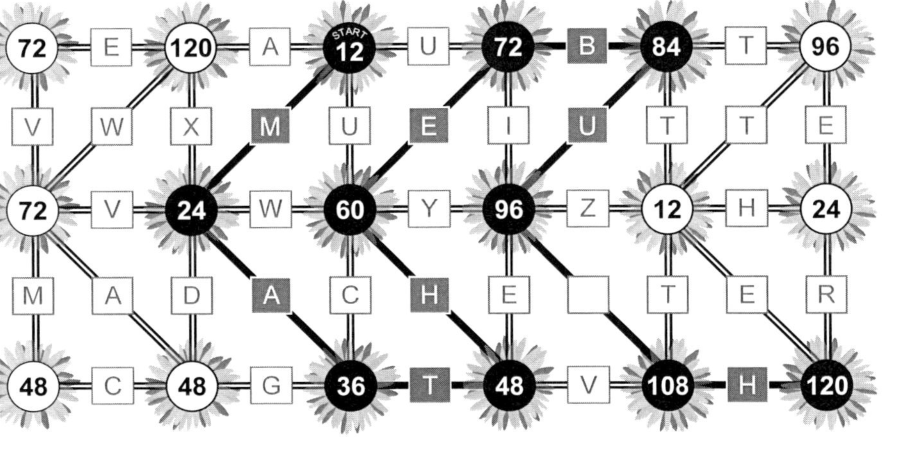

LÖSUNGSWORT: MATHEBUCH

Lösung - 1x1 Labyrinth der 13

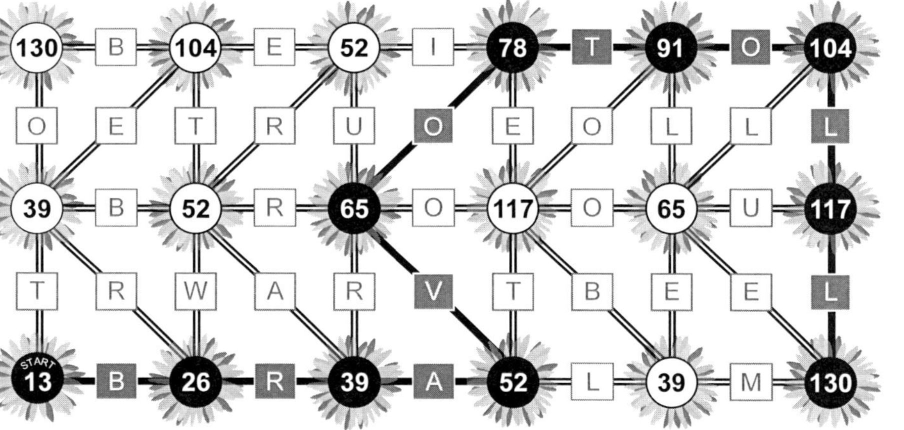

LÖSUNGSWORT: BRAVO TOLL

Lösung - 1x1 Labyrinth der 14

LÖSUNGSWORT: **GEHEIMNIS**

Lösung - 1x1 Labyrinth der 15

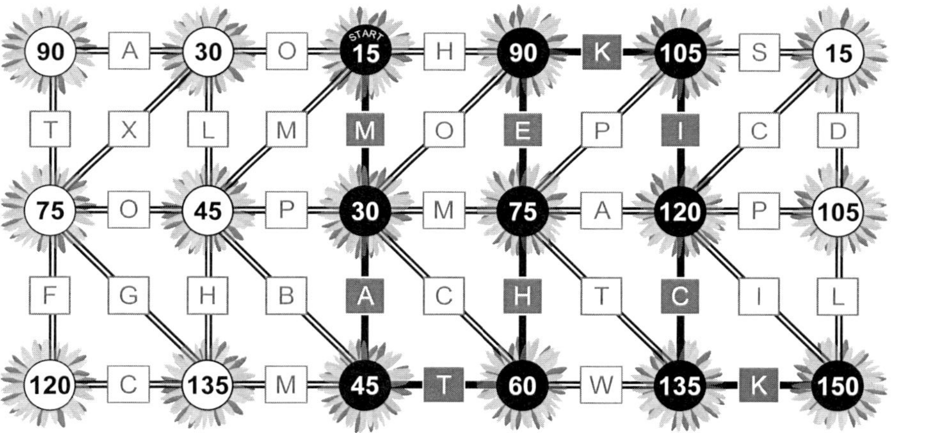
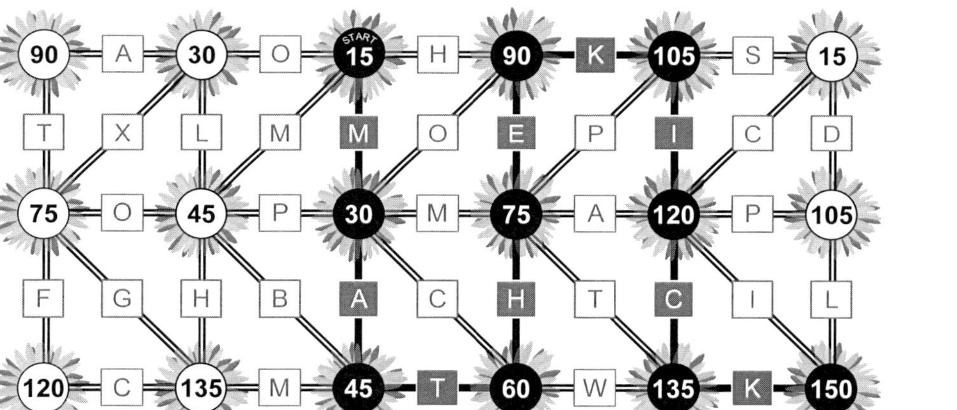

LÖSUNGSWORT: **MATHEKICK**

Lösung - 1x1 Labyrinth der 16

LÖSUNGSWORT: **GENIAL GUT**

Lösung - 1x1 Labyrinth der 17

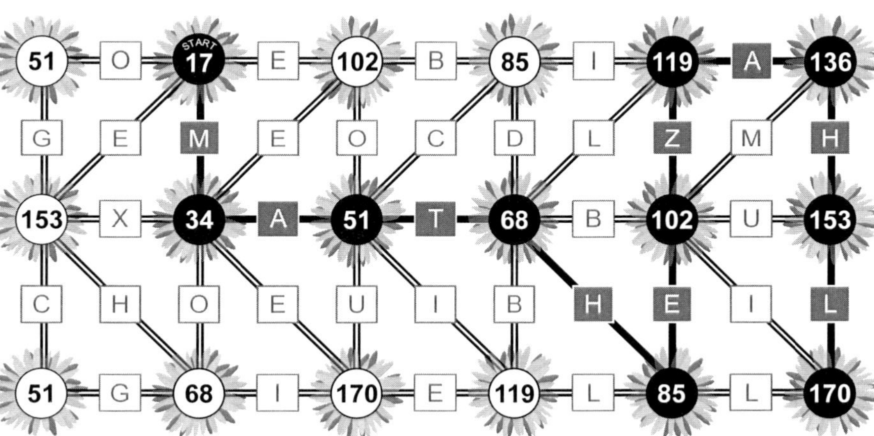

LÖSUNGSWORT: **MATHEZAHL**

Lösung - 1x1 Labyrinth der 18

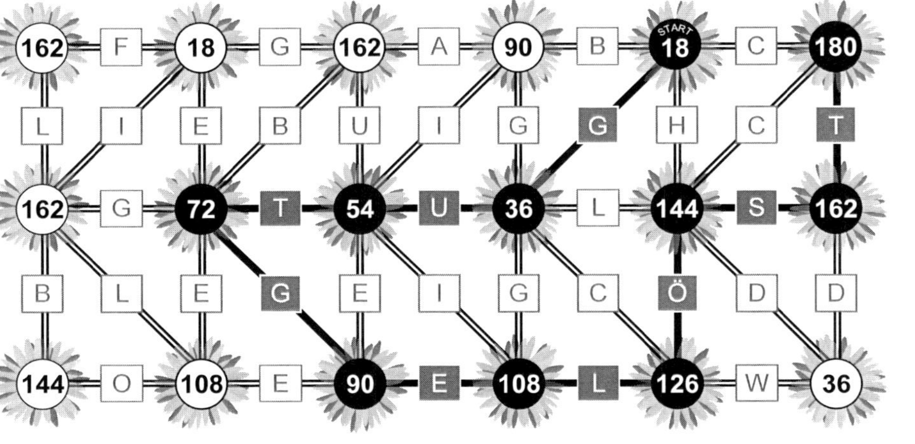

LÖSUNGSWORT: GUT GELÖST

Lösung - 1x1 Labyrinth der 19

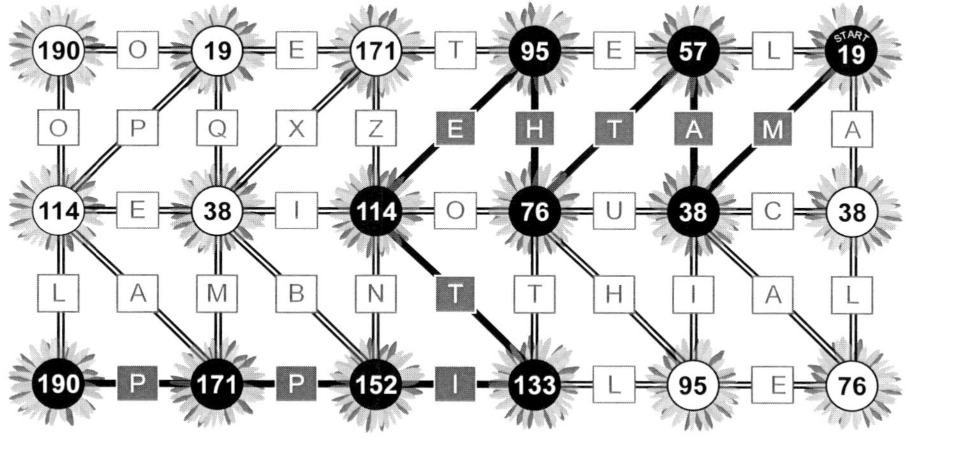

LÖSUNGSWORT: MATHETIPP

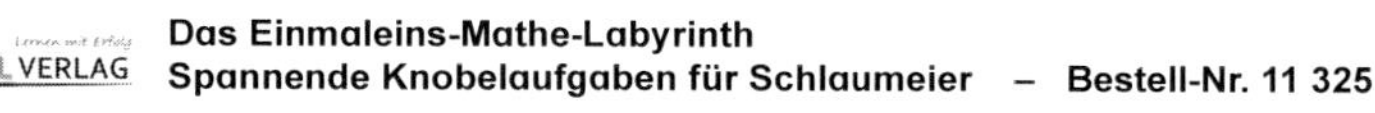

Lösung - 1x1 Labyrinth der 20

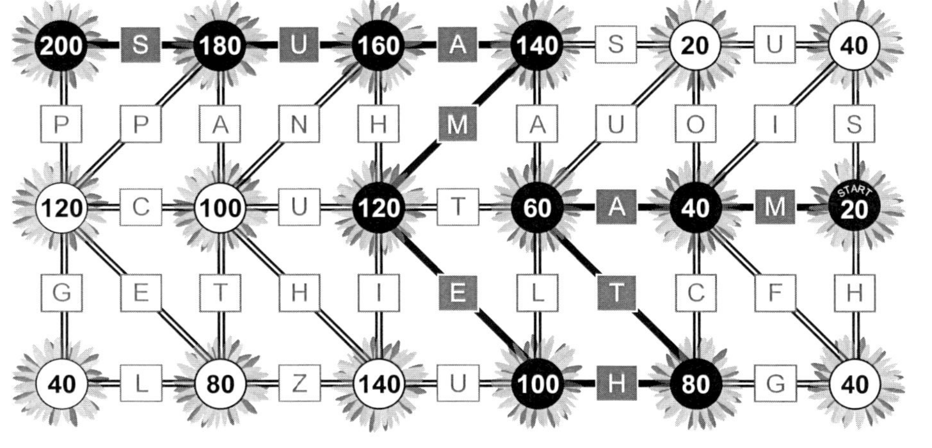

LÖSUNGSWORT: MATHEMAUS

Lösung - 1x1 Labyrinth der 25

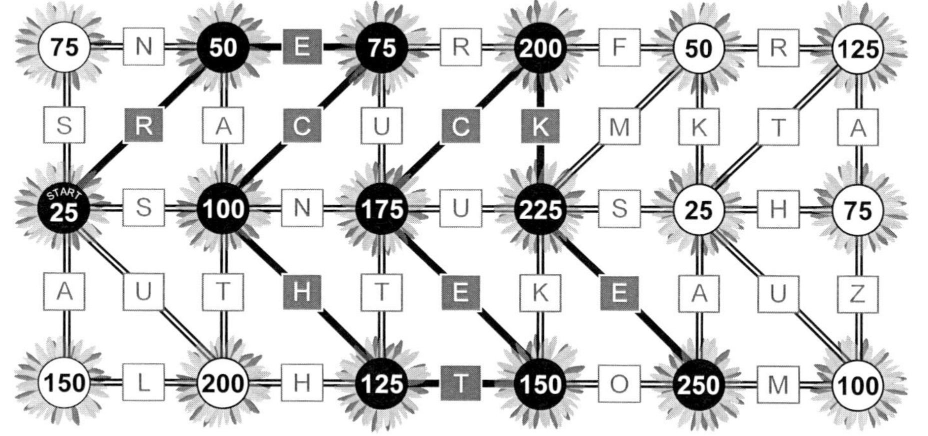

LÖSUNGSWORT: RECHTECKE

KOHL VERLAG
Das Einmaleins-Mathe-Labyrinth
Spannende Knobelaufgaben für Schlaumeier – Bestell-Nr. 11 325

Lösung - 1x1 Labyrinth der Multiplikation mit 2

LÖSUNGSWORT: MATHECHECKER

Lösung - 1x1 Labyrinth der Multiplikation mit 4

LÖSUNGSWORT: LÜCKENFÜLLER

Lösung - 1x1 Labyrinth der Multiplikation mit 2

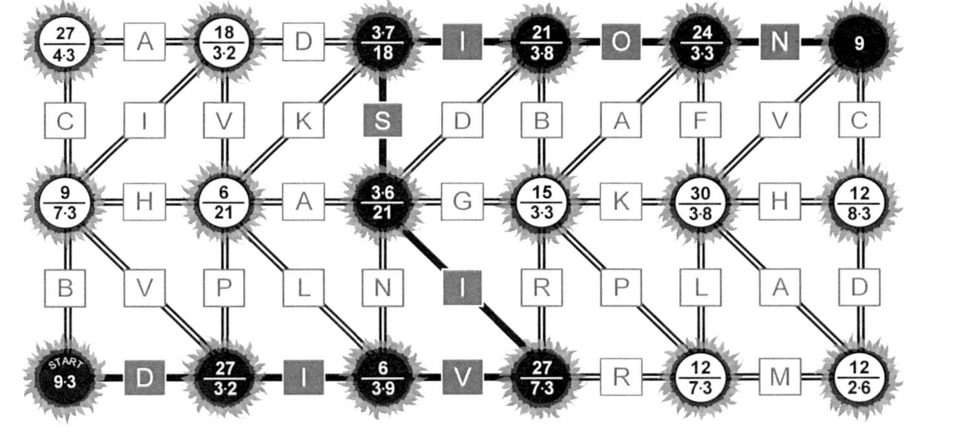

LÖSUNGSWORT: DIVISION

Lösung - 1x1 Labyrinth der Multiplikation mit 5

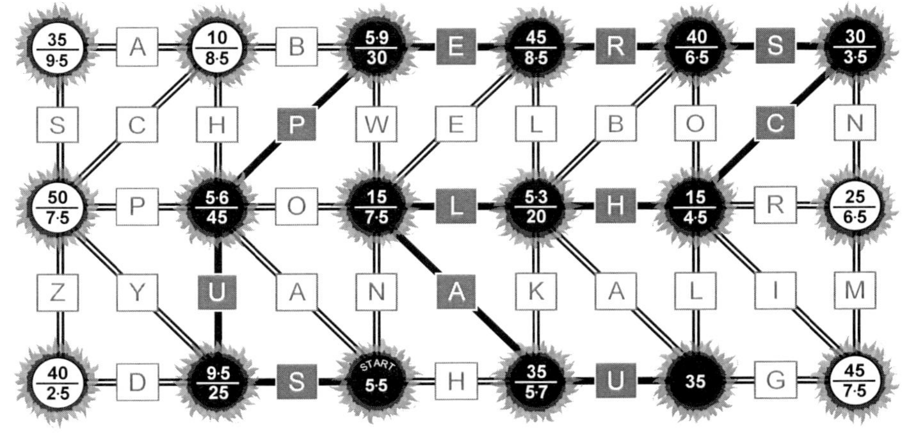

LÖSUNGSWORT: SUPERSCHLAU

Lösung - 1x1 Labyrinth der Multiplikation mit 6

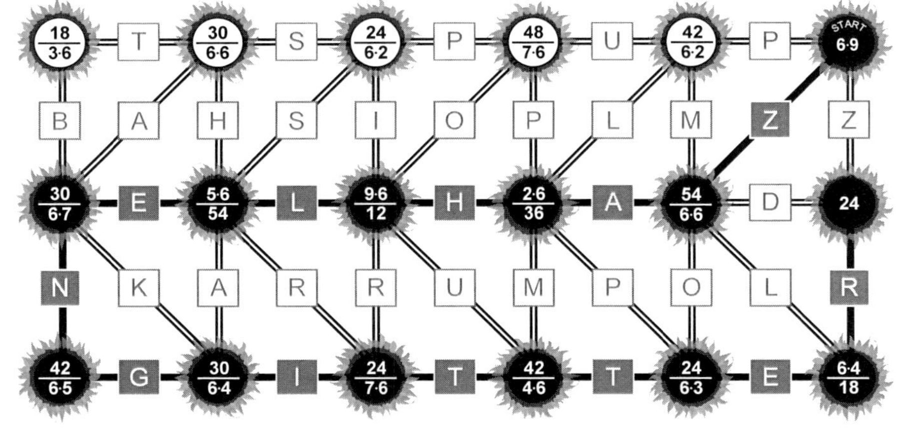

LÖSUNGSWORT: ZAHLENGITTER

Lösung - 1x1 Labyrinth der Multiplikation mit 7

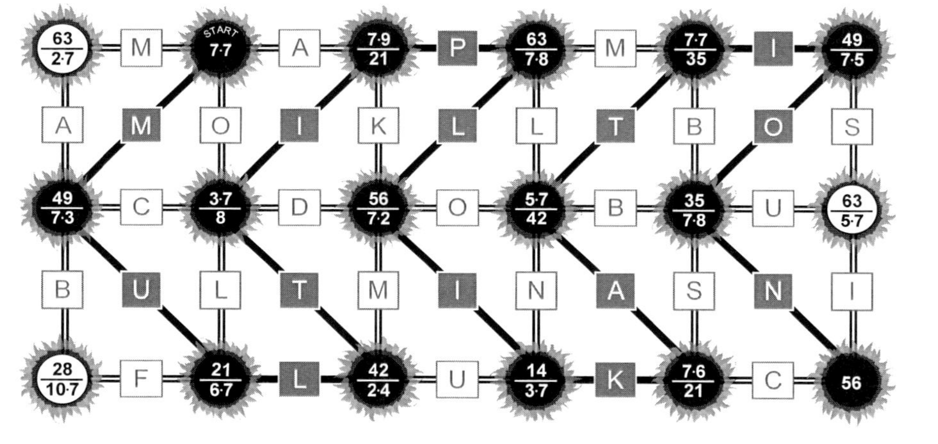

LÖSUNGSWORT: MULTIPLIKATION

Das Einmaleins-Mathe-Labyrinth
Spannende Knobelaufgaben für Schlaumeier – Bestell-Nr. 11 325

Lösung - 1x1 Labyrinth der Multiplikation mit 8

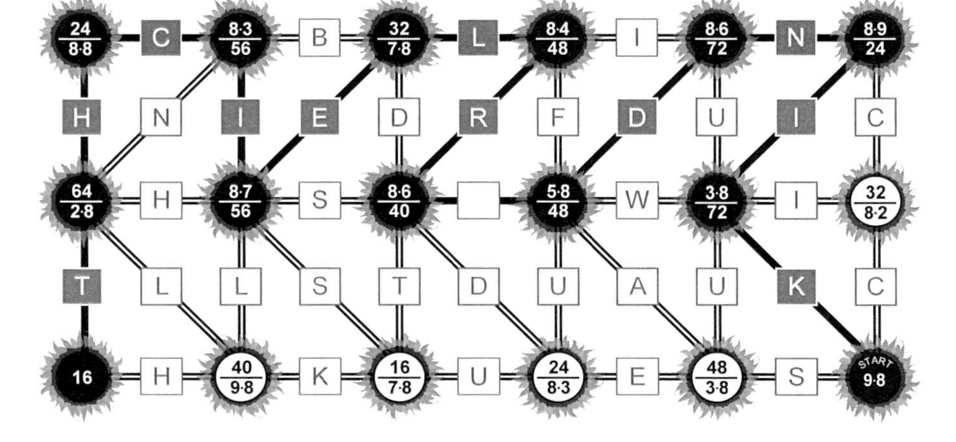

LÖSUNGSWORT: KINDERLEICHT

Lösung - 1x1 Labyrinth der Multiplikation mit 9

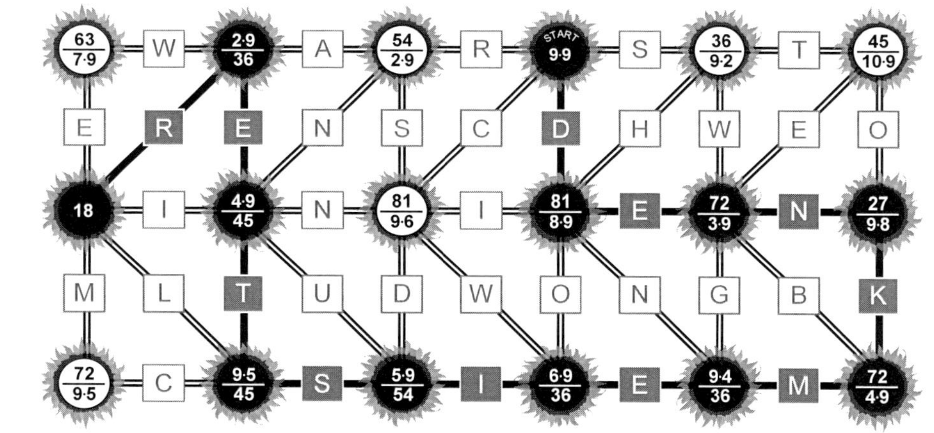

LÖSUNGSWORT: DENKMEISTER

KOHL VERLAG
Das Einmaleins-Mathe-Labyrinth
Spannende Knobelaufgaben für Schlaumeier – Bestell-Nr. 11 325

Lösung - 1x1 Labyrinth der Multiplikation mit 10

LÖSUNGSWORT: RECHENTRICK

Lösung - 1x1 Labyrinth der Multiplikation mit 11

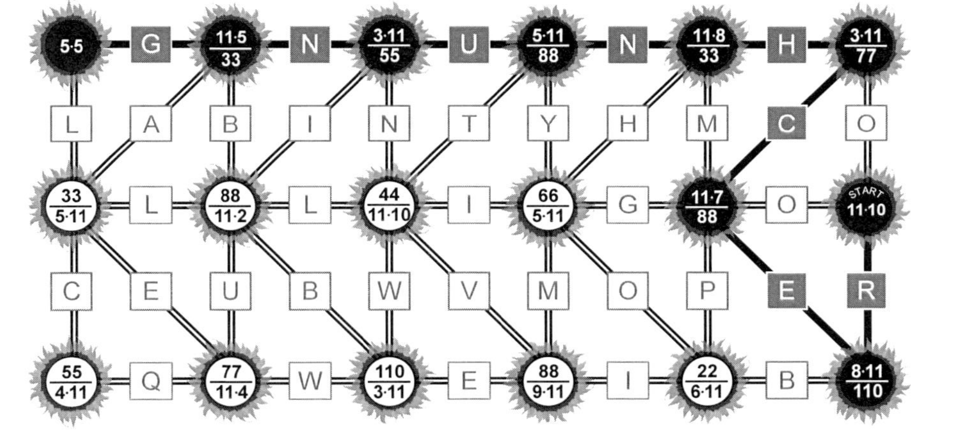

LÖSUNGSWORT: RECHNUNG

Lösung - 1x1 Labyrinth der Multiplikation mit 12

LÖSUNGSWORT: SCHNELLDENKER

Lösung - 1x1 Labyrinth der Multiplikation mit 13

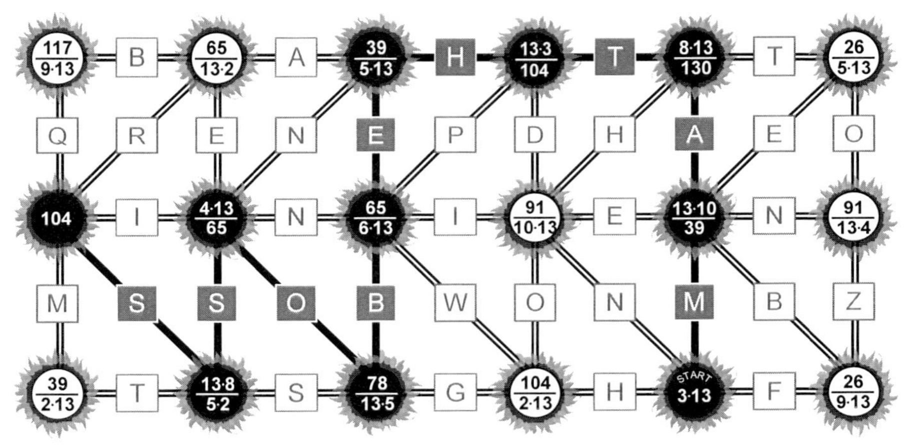

LÖSUNGSWORT: MATHEBOSS

Lösung - 1x1 Labyrinth der Multiplikation mit 14

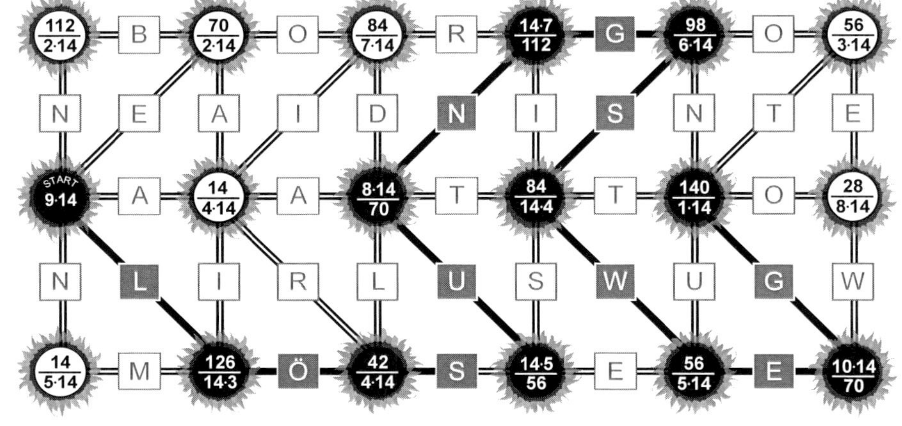

LÖSUNGSWORT: LÖSUNGSWEG

Lösung - 1x1 Labyrinth der Multiplikation mit 15

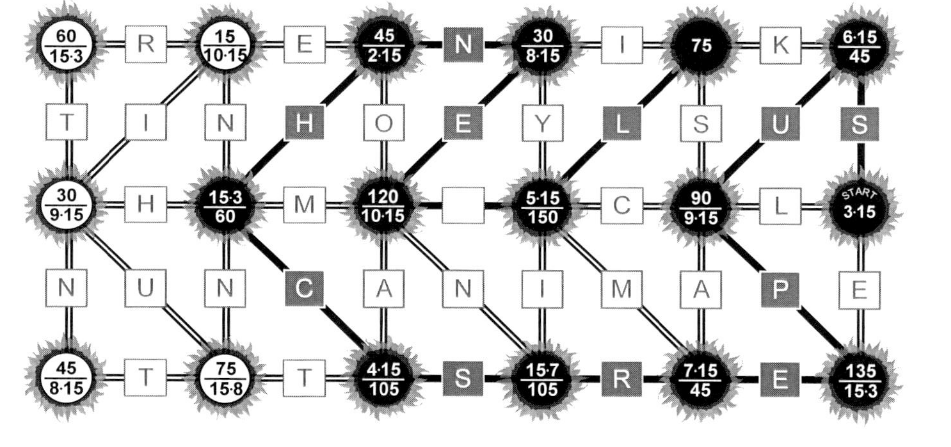

LÖSUNGSWORT: SUPERSCHNELL

Lösung - 1x1 Labyrinth der Multiplikation mit 16

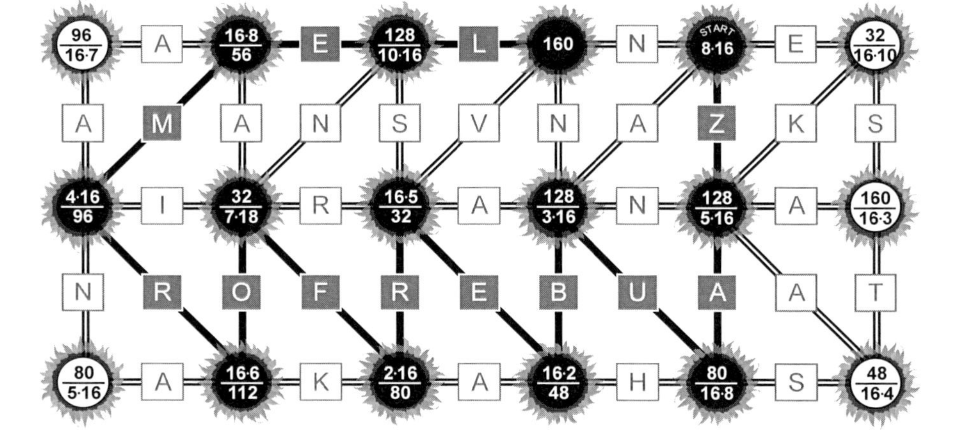

LÖSUNGSWORT: ZAUBERFORMEL

Lösung - 1x1 Labyrinth der Multiplikation mit 17

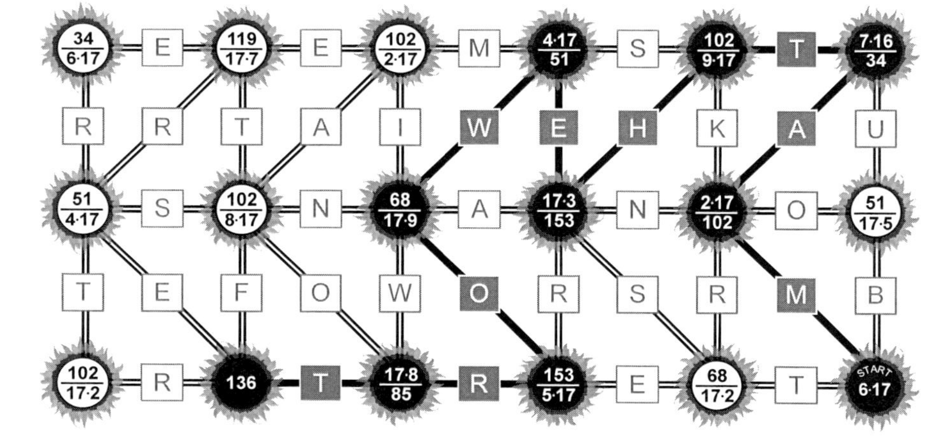

LÖSUNGSWORT: MATHEWORT

Lösung - 1x1 Labyrinth der Multiplikation mit 18

72 / 18·10	G	54 / 18·6	M	START 10·18	I	72 / 5·18	E	72 / 4·18	E	126
B	R	E	R	A	A	S	N	D	N	T
18·10 / 36		2·18 / 180	R	18·4 / 144	N	90 / 18·7	B	108 / 7·18	A	54 / 18·8
C	E	L	E	L	K	F	T	E	D	E
180 / 18·3	H	54 / 9·18	E	162 / 3·18	N	8·18 / 54	R	126 / 6·18	P	36 / 5·18

LÖSUNGSWORT: RECHENKASTEN

Lösung - 1x1 Labyrinth der Multiplikation mit 20

140	A	180 / 9·20	R	180	M	120 / 20·6	I	100 / 4·20	A	60 / 20·5
R	E	O	S	B	A	B	O	N	R	U
120 / 20·9	S	140 / 5·20	M	160 / 20·3	H	200 / 3·20	F	200 / 8·20	G	180 / 20·3
O	I	E	M	U	A	L	H	C	S	A
140 / 3·20	A	100 / 20·6	I	60 / 20·7	T	60 / 20·8	S	160 / 20·10	M	START 10·20

LÖSUNGSWORT: SCHLAUMEIER

Lösung - 1x1 Labyrinth der Multiplikation mit 19

95 / 4·19	M	76 / 19·8	A	38 / 5·19	G	95 / 19·6	E	114 / 3·19	B	57 / 19·7
R	I	A		L	E	O	G	H	E	N
190 / 9·19	J	114 / 19·2	E	171 / 5·19	N	114 / 19·4	I	38 / 9·19	I	133 / 2·19
N	R	I	E	F	E	F	L	Y	S	N
114 / 19·3	G	38 / 5·19	N	START 6·19	L	190 / 19·7	R	57 / 19·3	N	171

LÖSUNGSWORT: ERGEBNIS

Lösung - 1x1 Labyrinth der Multiplikation mit 25

175 / 3·25	A	200 / 6·25	B	START 250 / 25·4	U	50 / 9·25	L	225 / 6·25	M	175 / 8·25
A	E	O	M	S	C	H	L	O	B	W
225 / 25·2	O	100 / 10·25	A	250 / 3·25	Z	50 / 9·25	W	150 / 25·7	A	100 / 25·4
T	E	F	O	T	O	E	S	R	M	B
200 / 25·4	L	175 / 25·8	E	75 / 5·25	H	125 / 25·2	K	150 / 25·5	T	125 / 25·9

LÖSUNGSWORT: MATHELOB

KOHL VERLAG Das Einmaleins-Mathe-Labyrinth
Spannende Knobelaufgaben für Schlaumeier – Bestell-Nr. 11 325

Lösung - 1x1 Labyrinth der Kombination der 2er-/4er-Reihe

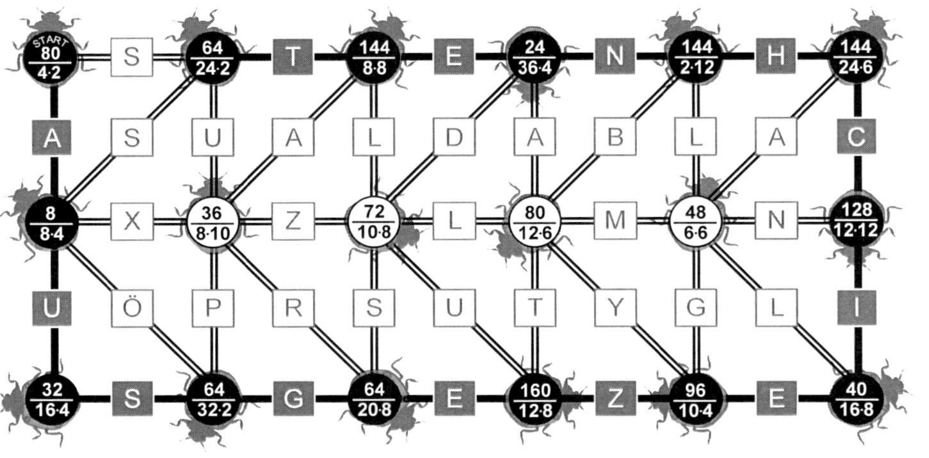

LÖSUNGSWORT: AUSGEZEICHNET

Lösung - 1x1 Labyrinth der Kombination der 3er-/6er-Reihe

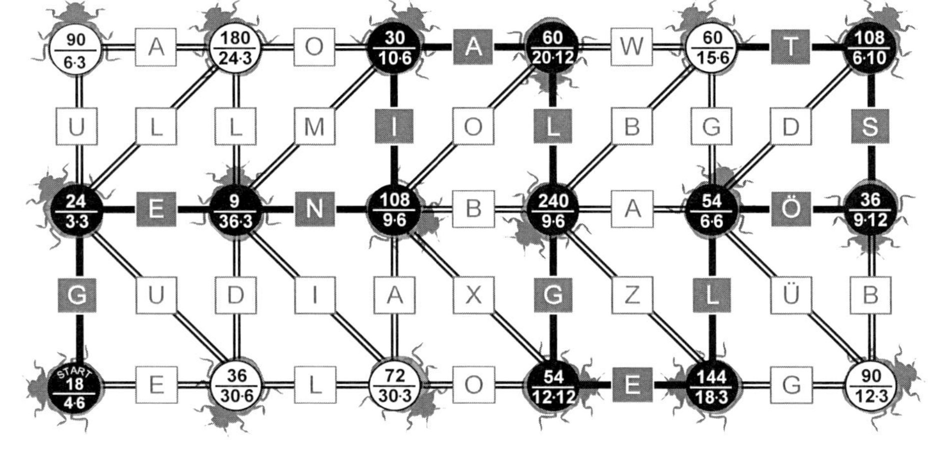

LÖSUNGSWORT: GENIAL GELÖST

Lösung - 1x1 Labyrinth der Kombination der 4er-/8er-Reihe

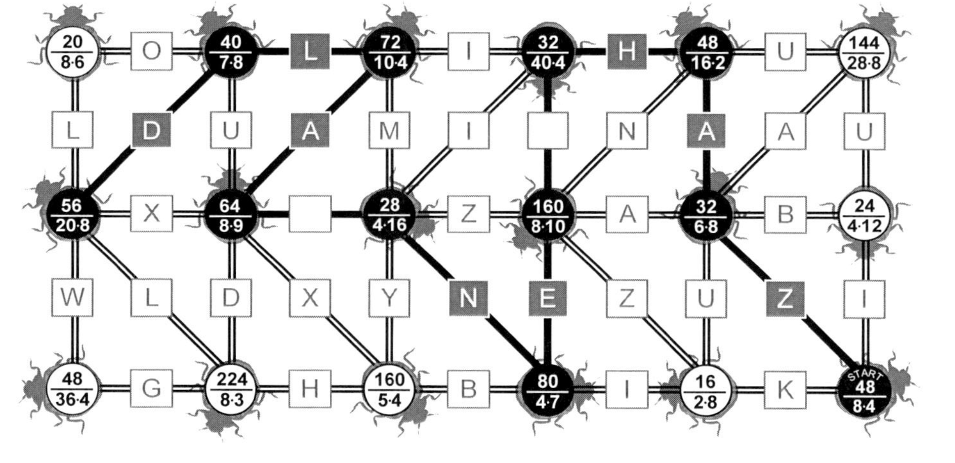

LÖSUNGSWORT: ZAHLENWALD

Lösung - 1x1 Labyrinth der Kombination der 5er-/10er-Reihe

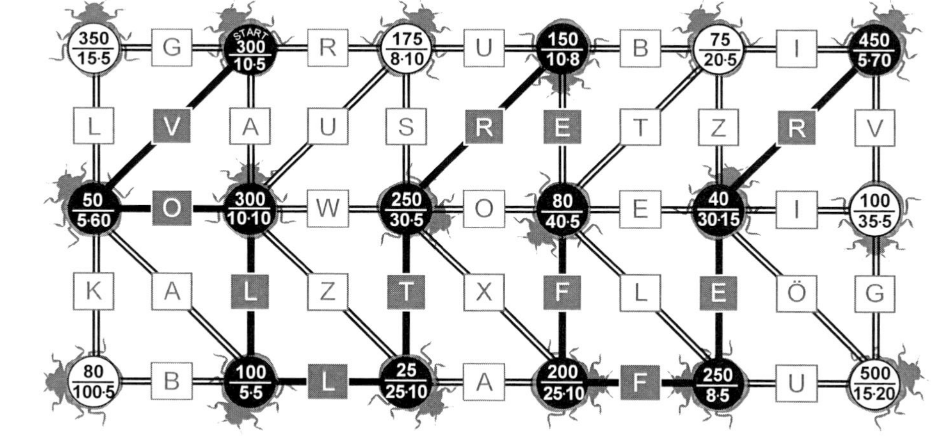

LÖSUNGSWORT: VOLLTREFFER

Lösung - 1x1 Labyrinth der Kombination der 7er-Reihe

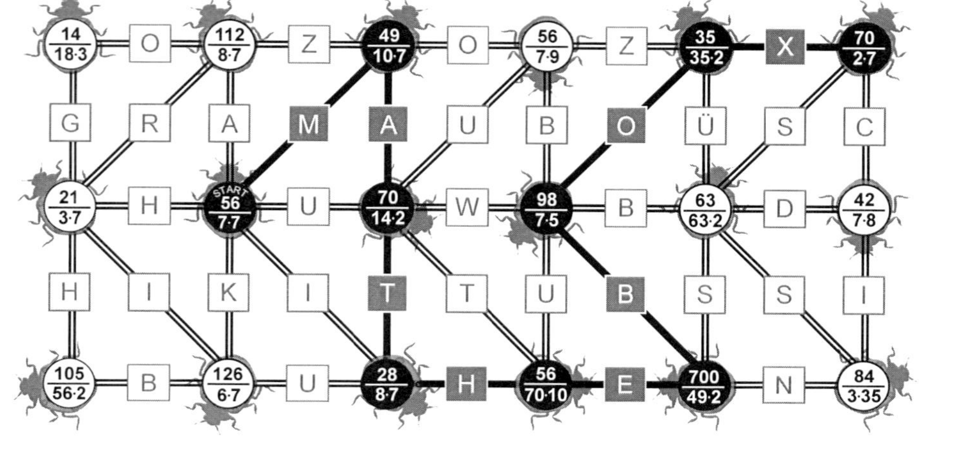

LÖSUNGSWORT: MATHEBOX

Lösung - 1x1 Labyrinth der Kombination der 2er-/6er-Reihe

LÖSUNGSWORT: HASENFLINK

Lösung - 1x1 Labyrinth der Kombination der 3er-/6er-/9er-Reihe

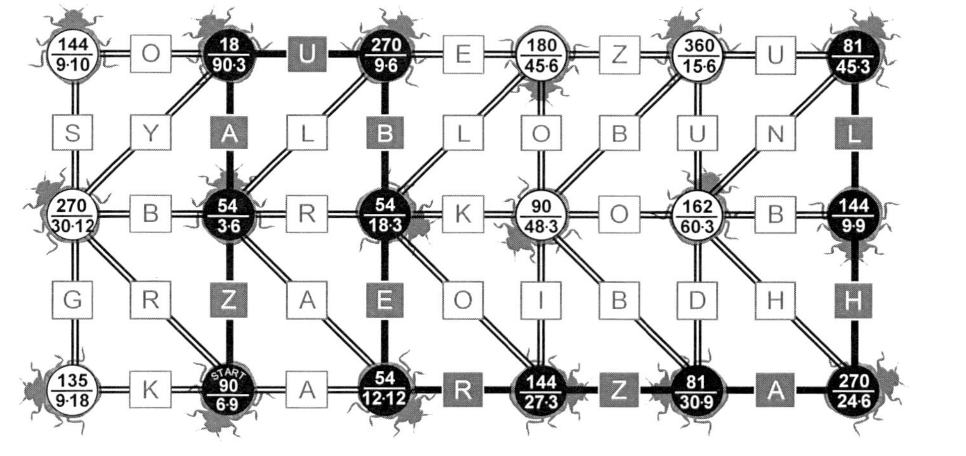

LÖSUNGSWORT: ZAUBERZAHL

Lösung - 1x1 Labyrinth der Kombination der 6er-/9er-Reihe

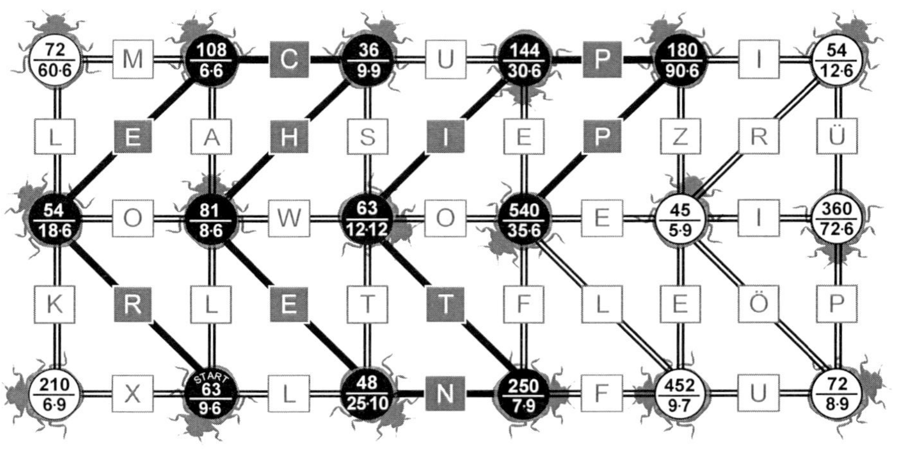

LÖSUNGSWORT: RECHENTIPP

Lösung - 1x1 Labyrinth der Kombination der 7er-/8er-Reihe

LÖSUNGSWORT: ZAHLENBAUM

Lösung - 1x1 Labyrinth der Kombination der 2er-/5er-Reihe

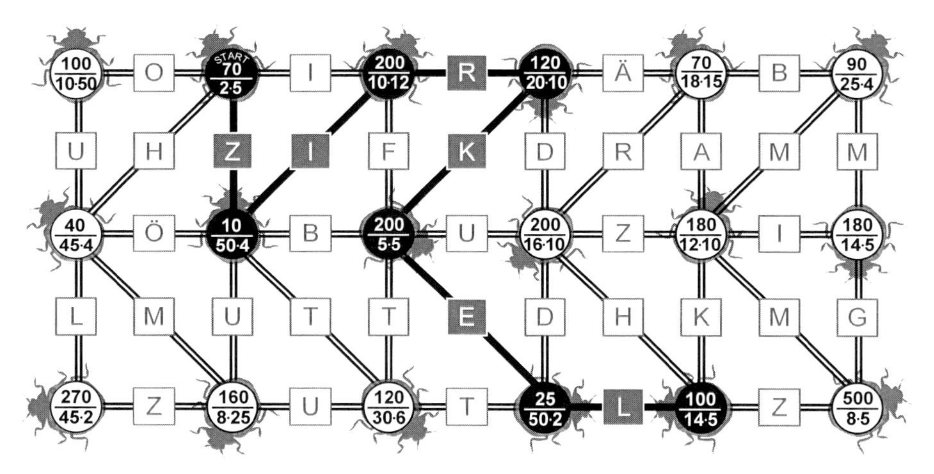

LÖSUNGSWORT: ZIRKEL

Lösung - 1x1 Labyrinth der Kombination der 12er-/16er-Reihe

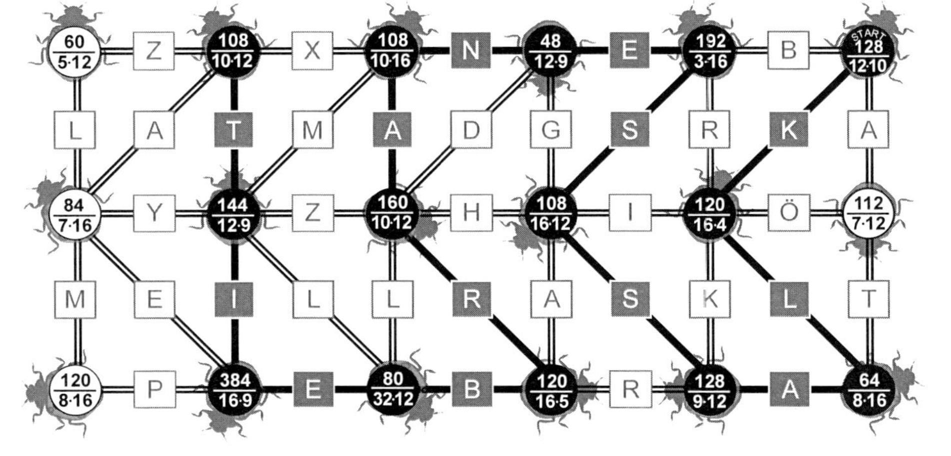

LÖSUNGSWORT: KLASSENARBEIT

Lösung - 1x1 Labyrinth der Kombination der 12er-/18er-Reihe

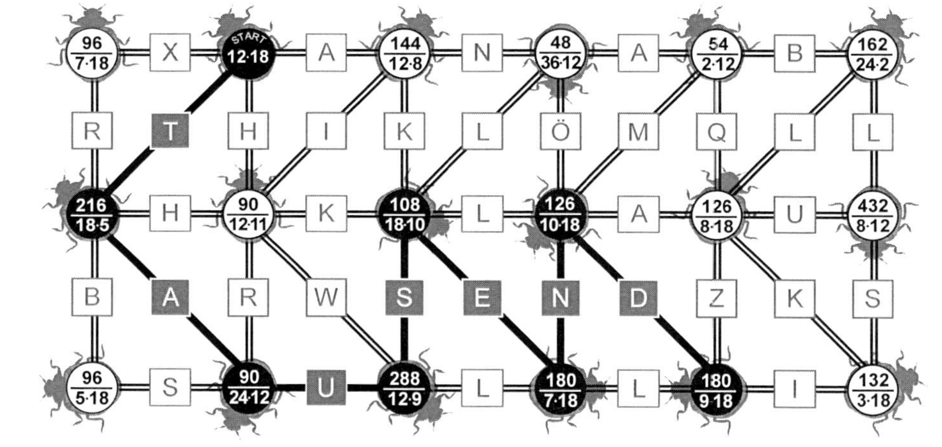

LÖSUNGSWORT: TAUSEND

Lösung - 1x1 Labyrinth der Kombination der 17er-/13er-Reihe

LÖSUNGSWORT: **MÄUSESTARK**

Lösung - 1x1 Labyrinth der Kombination der 11er-/13er-Reihe

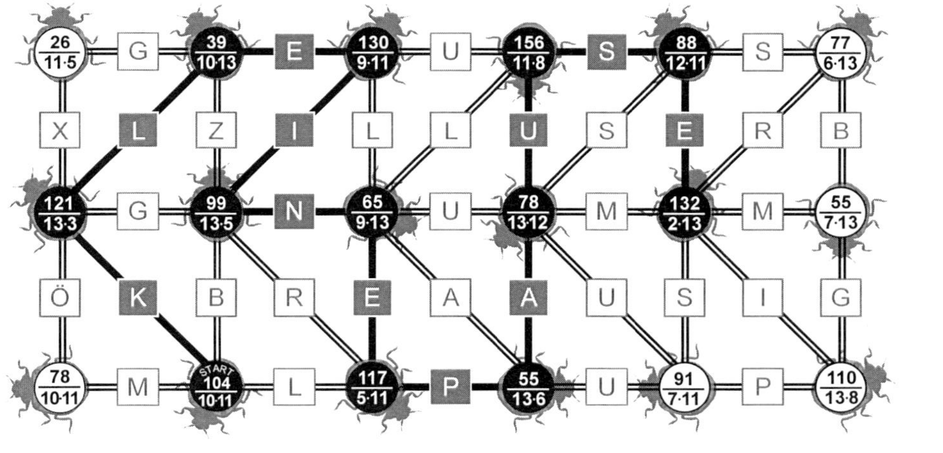

LÖSUNGSWORT: **KLEINE PAUSE**

Lösung - 1x1 Labyrinth der Kombination der 18er-/19er-Reihe

LÖSUNGSWORT: **MATHETRICK**

Lösung - 1x1 Labyrinth der Kombination der 16er-/17er-Reihe

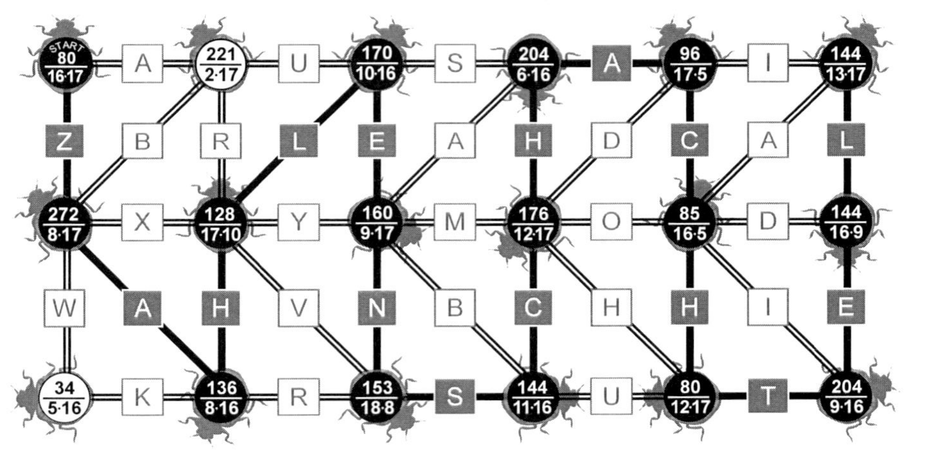

LÖSUNGSWORT: **ZAHLENSCHACHTEL**

KOHL VERLAG Das Einmaleins-Mathe-Labyrinth
Spannende Knobelaufgaben für Schlaumeier – Bestell-Nr. 11 325

Lösung - 1x1 Labyrinth der Kombination der 15er-/20er/25er-Reihe

LÖSUNGSWORT: **RUDI RECHNER**

Lösung - 1x1 Labyrinth der Kombination der 13er-/14er-Reihe

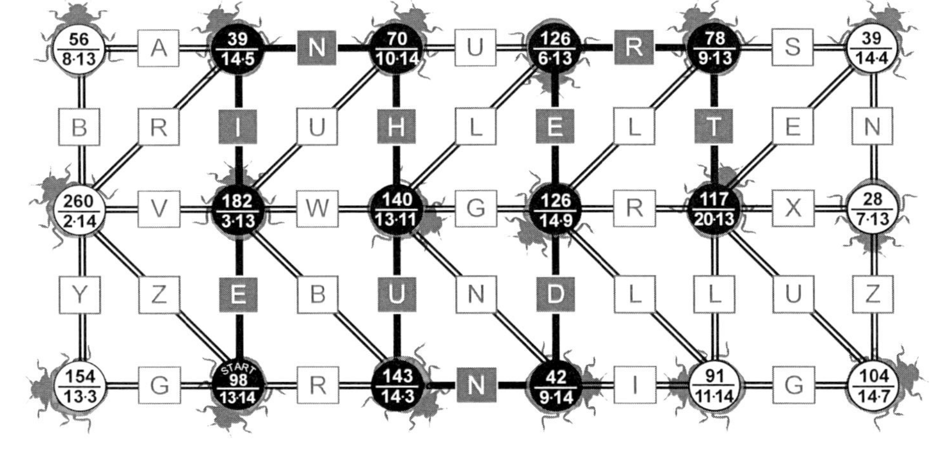

LÖSUNGSWORT: **EINHUNDERT**

Lösung - 1x1 Labyrinth der Kombination der 15er-/20er-Reihe

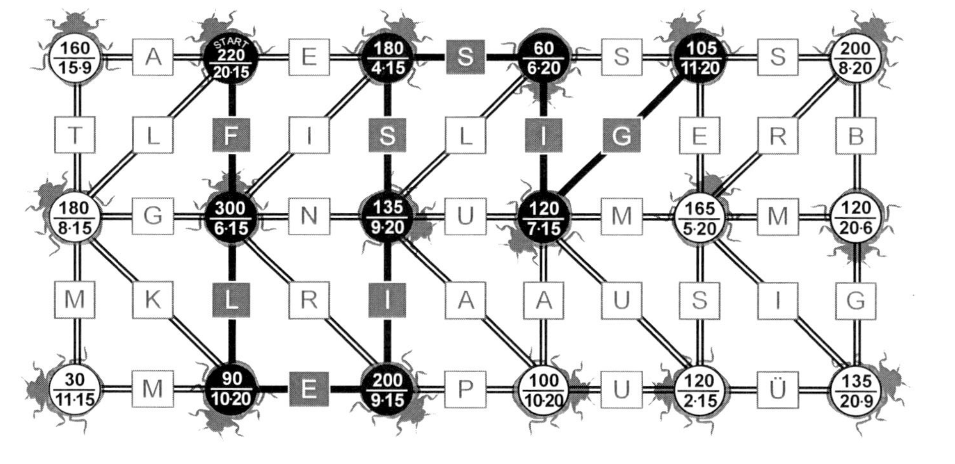

LÖSUNGSWORT: **FLEISSIG**

Lösung - 1x1 Labyrinth der Kombination der 11er-/12er-Reihe

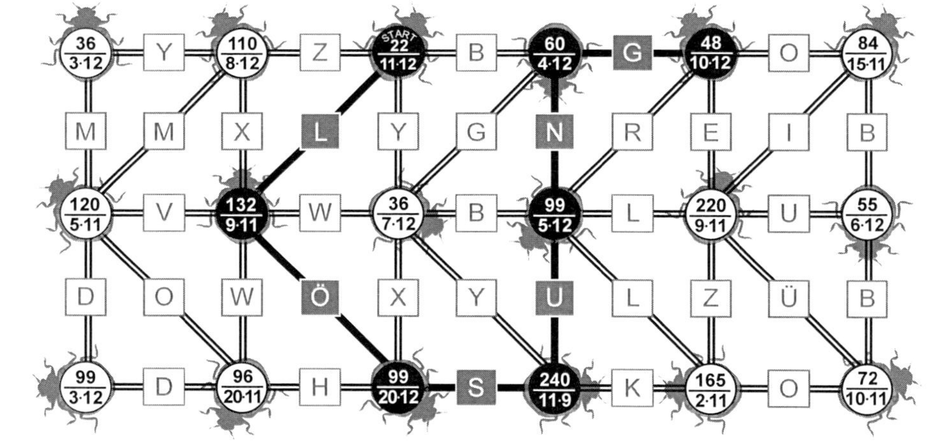

LÖSUNGSWORT: **LÖSUNG**

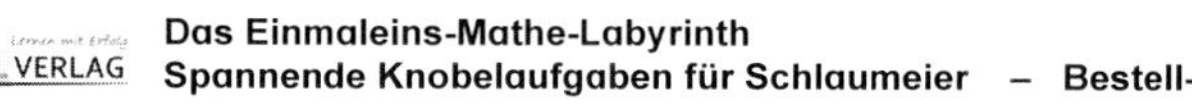

Das Einmaleins-Mathe-Labyrinth
Spannende Knobelaufgaben für Schlaumeier – Bestell-Nr. 11 325

Lösung - 1x1 Labyrinth der Multiplikation 1x1

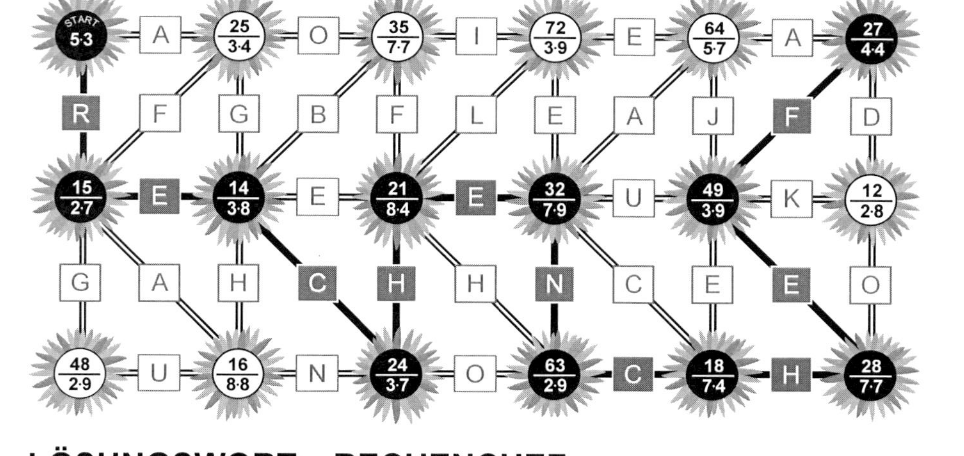

LÖSUNGSWORT: RECHENCHEF

Lösung - 1x1 Labyrinth der Multiplikation 1x1

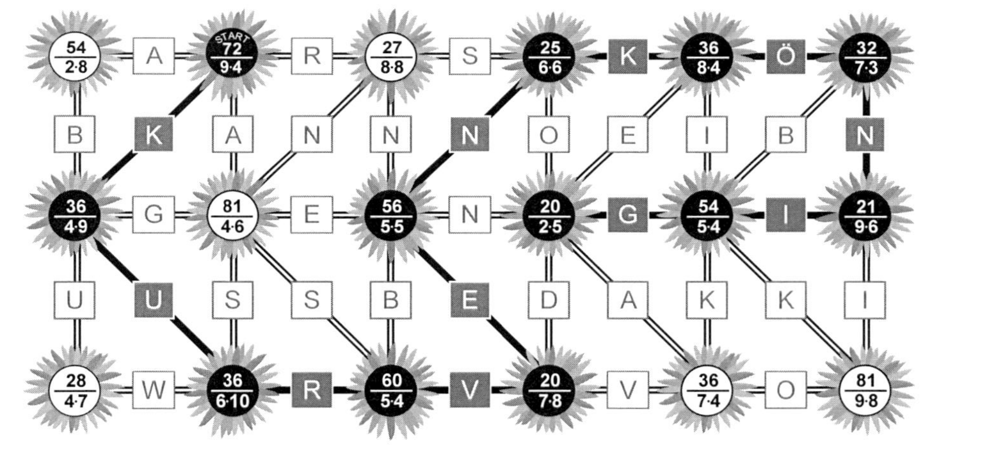

LÖSUNGSWORT: KURVENKÖNIG

Lösung - 1x1 Labyrinth der Multiplikation 1x1

LÖSUNGSWORT: MATHESPASS

Lösung - 1x1 Labyrinth der Multiplikation 1x1

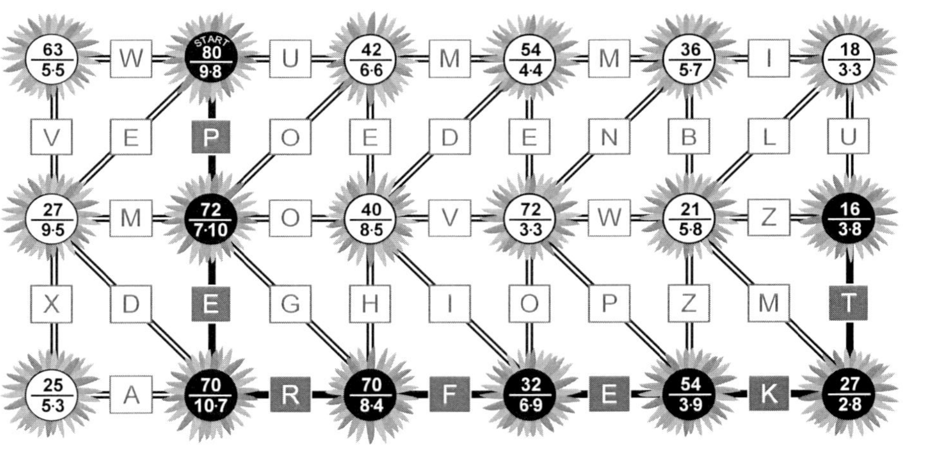

LÖSUNGSWORT: PERFEKT

Lösung - 1x1 Labyrinth der Multiplikation 1x1

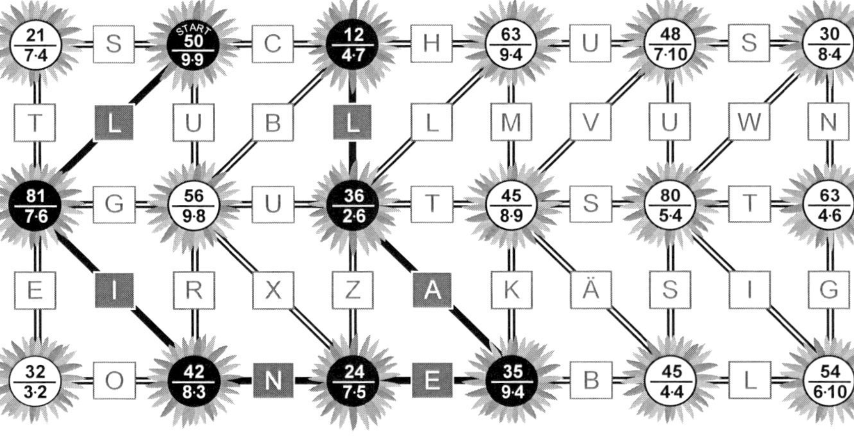

LÖSUNGSWORT: LINEAL

Lösung - 1x1 Labyrinth der Multiplikation 1x1

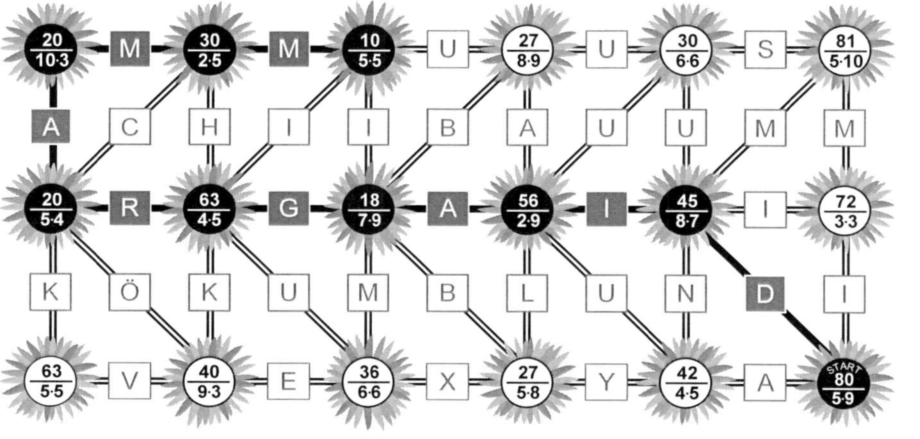

LÖSUNGSWORT: DIAGRAMM

KOHL VERLAG Das Einmaleins-Mathe-Labyrinth
Spannende Knobelaufgaben für Schlaumeier – Bestell-Nr. 11 325

Lösung - 1x1 Labyrinth der Multiplikation 1x1

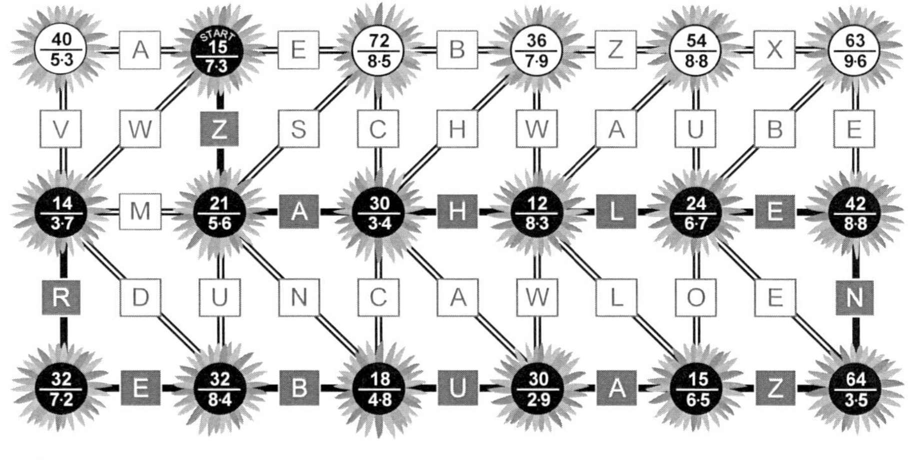

LÖSUNGSWORT: ZAHLENZAUBER

Lösung - 1x1 Labyrinth der Multiplikation 1x1

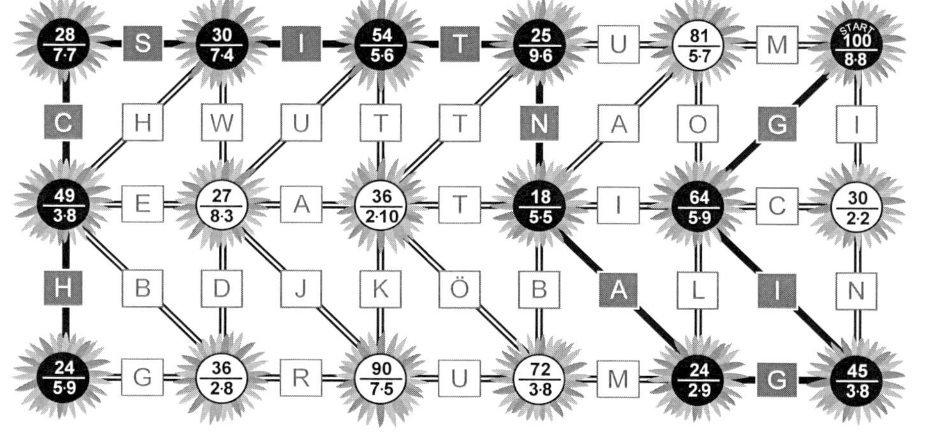

LÖSUNGSWORT: GIGANTISCH

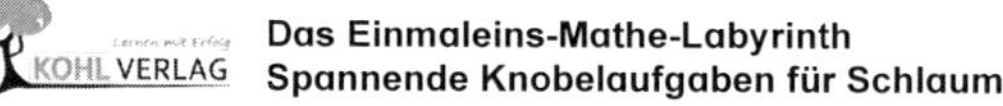

KOHL VERLAG Das Einmaleins-Mathe-Labyrinth
Spannende Knobelaufgaben für Schlaumeier – Bestell-Nr. 11 325

Lösung - 1x1 Labyrinth der Multiplikation 1x1

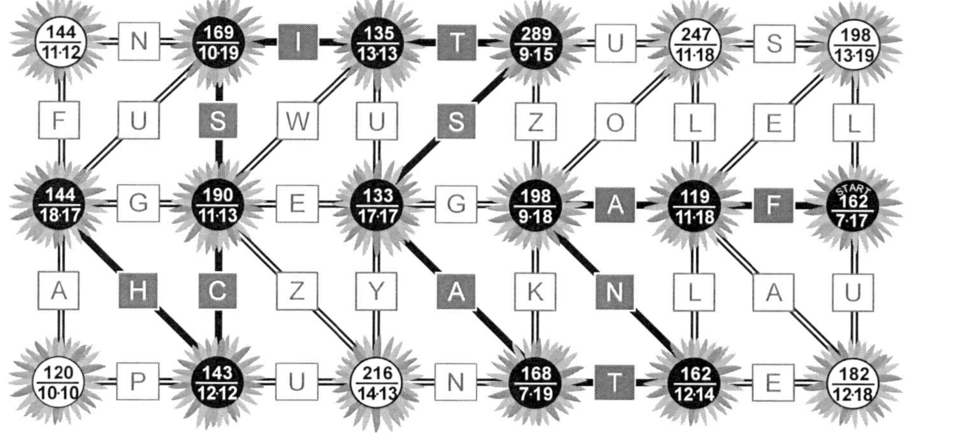

LÖSUNGSWORT: **FANTASTISCH**

Lösung - 1x1 Labyrinth der Multiplikation 1x1

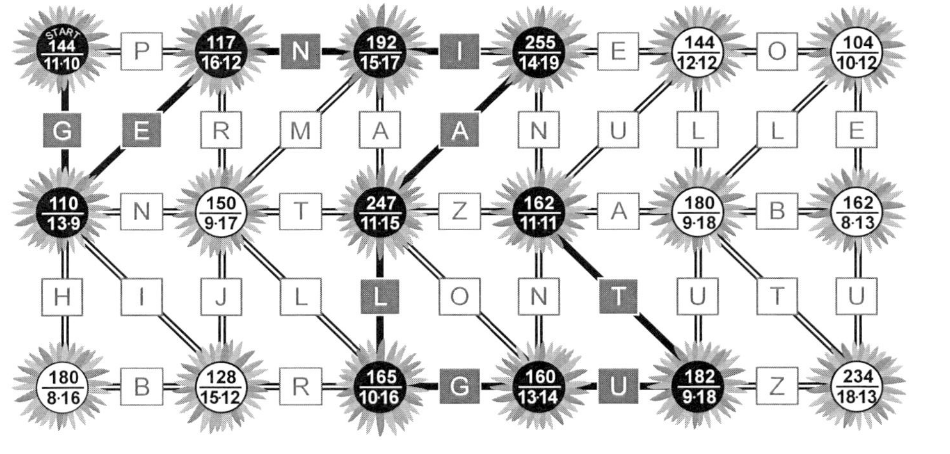

LÖSUNGSWORT: **GENIAL GUT**

Lösung - 1x1 Labyrinth der Multiplikation 1x1

LÖSUNGSWORT: **SEHR GUT**

Lösung - 1x1 Labyrinth der Multiplikation 1x1

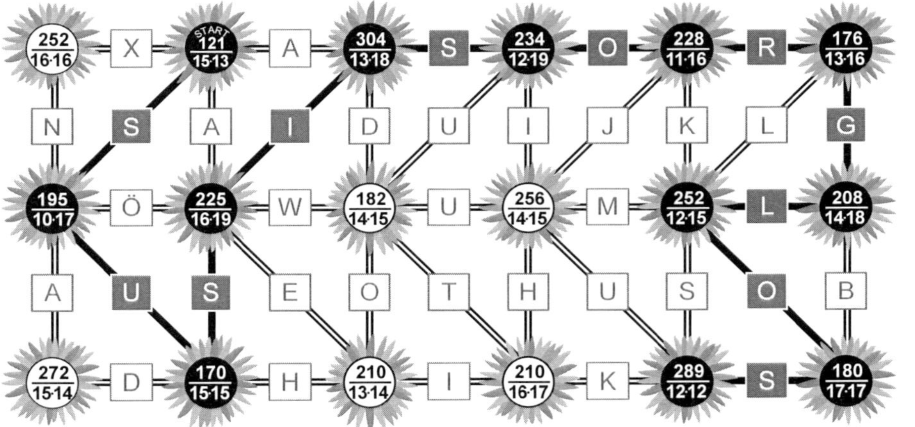

LÖSUNGSWORT: **SUSI SORGLOS**

KOHL VERLAG
Das Einmaleins-Mathe-Labyrinth
Spannende Knobelaufgaben für Schlaumeier – Bestell-Nr. 11 325

Lösung - 1x1 Labyrinth der Multiplikation des großen 1x1 gemischt

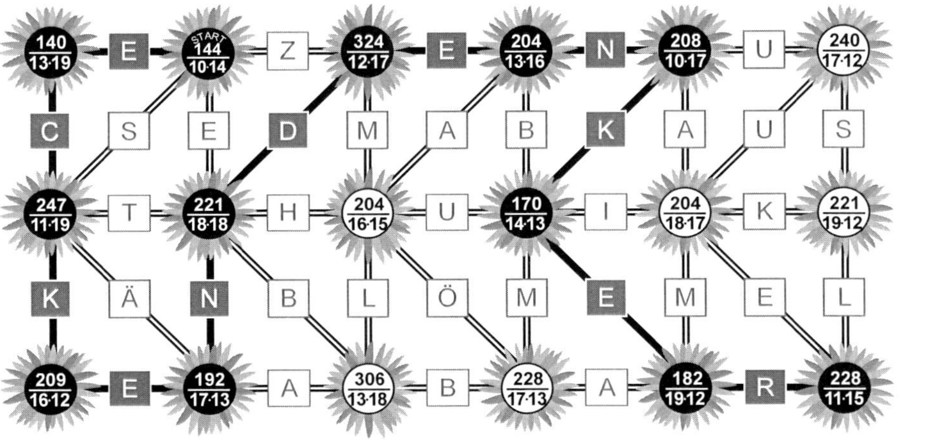

LÖSUNGSWORT: ECKENDENKER

Lösung - 1x1 Labyrinth der Multiplikation des großen 1x1 gemischt

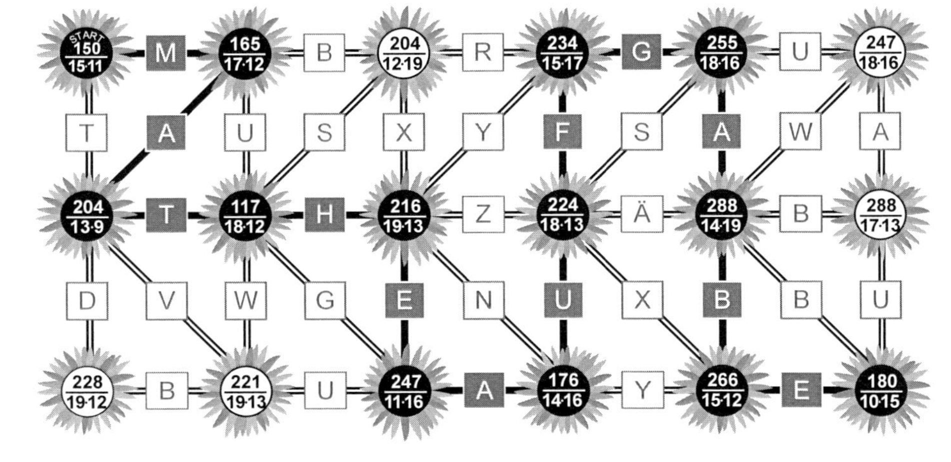

LÖSUNGSWORT: MATHEAUFGABE

Lösung - 1x1 Labyrinth der Multiplikation des großen 1x1 gemischt

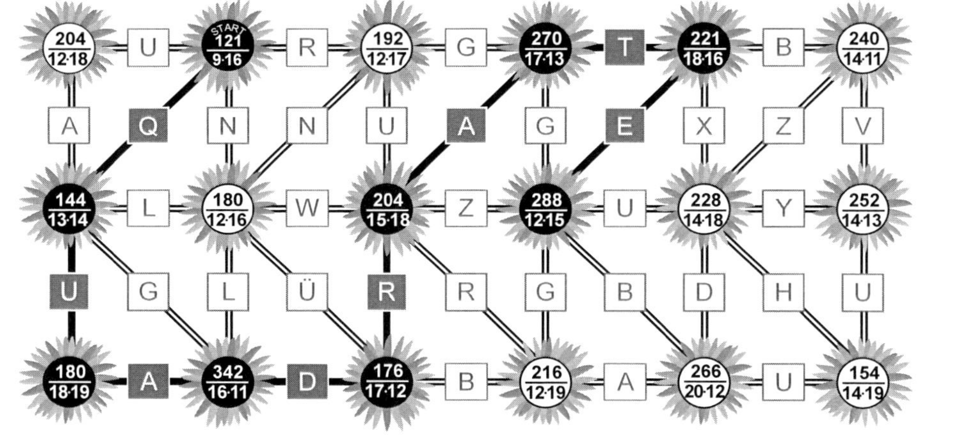

LÖSUNGSWORT: QUADRATE

Lösung - 1x1 Labyrinth der Multiplikation des großen 1x1 gemischt

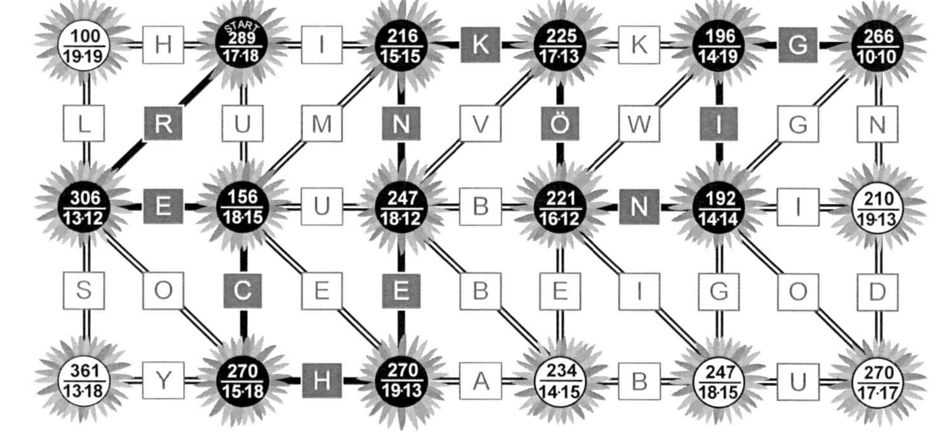

LÖSUNGSWORT: RECHENKÖNIG

KOHL VERLAG Das Einmaleins-Mathe-Labyrinth
Spannende Knobelaufgaben für Schlaumeier – Bestell-Nr. 11 325

Lösung - 1x1 Labyrinth der Multiplikation des kleinen und großen 1x1 2-20+25

LÖSUNGSWORT: **SIEGER**

Lösung - 1x1 Labyrinth der Multiplikation des kleinen und großen 1x1 2-20

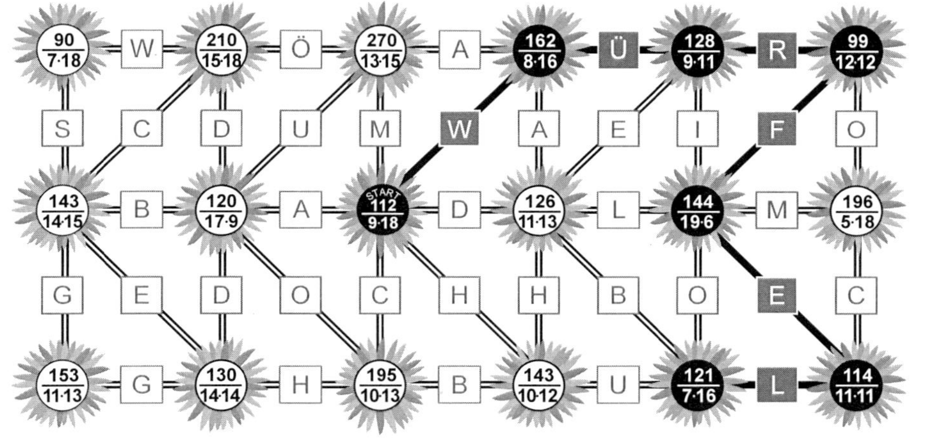

LÖSUNGSWORT: **WÜRFEL**

Lösung - 1x1 Labyrinth der Multiplikation des großen 1x1 11-25

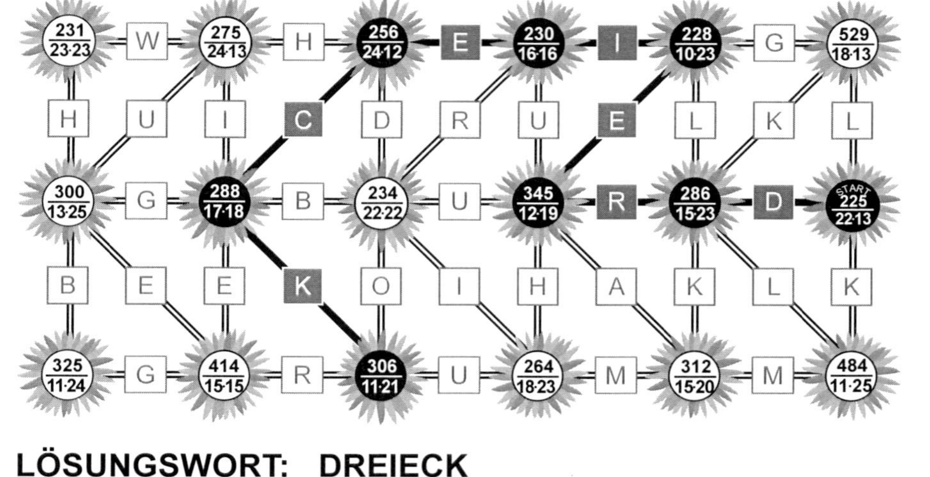

LÖSUNGSWORT: **DREIECK**

Lösung - 1x1 Labyrinth der Multiplikation des großen 1x1 11-25

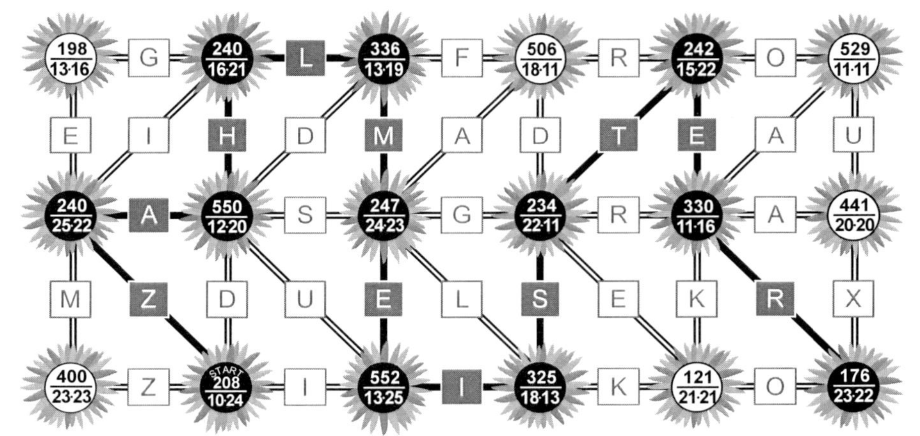

LÖSUNGSWORT: **ZAHLMEISTER**

Das Einmaleins-Mathe-Labyrinth
Spannende Knobelaufgaben für Schlaumeier – Bestell-Nr. 11 325